음식은 약이 아닙니다

FOOD ISN'T MEDICINE

음식은 약이 아닙니다

유행 다이어트와
헛소리로부터
나를 지킬,
최소한의
영양학 안내서

조슈아 윌리치 지음 | 장혜인 옮김

눌와

일러두기

· '옮긴이, 편집자'를 따로 붙이지 않은 주석은 지은이 주이다.
· 논문, 영화, 다큐멘터리, TV프로그램은 〈 〉로, 도서, 학술지, 잡지는 《 》로 표기했다.
· '(@justsaysinmice)'와 같이 소괄호 안 @이 붙은 영문 표기는 인스타그램, 트위터 등의 SNS 계정명
   이다.
· 원서는 'ob*sity', 'ob*se'와 같이 비만과 비만인을 뜻하는 말에 숨김표를 넣었지만, 한국어판에서는
   부득이하게 그대로 표기했다. 비만이란 말이 차별적으로 쓰이는 경우가 너무 많다는 지은이의 문제
   의식을 이곳에서 대신 전한다.

체중 낙인에 시달리는 당신에게:
당신이 훨씬 더 존중받을 자격이 있음을 깨달아주세요.
그때까지 저는 계속해서 노력하겠습니다.

목차

근거가 뒷받침되지 않는 의견을 말할 수는 있지만, 그걸 사실인
양 퍼뜨린다면 거짓말쟁이고,
근거가 없다는 사실을 알면서도 그 말을 퍼뜨린다면 거짓말쟁이
면서 사기꾼이다.

오컴의 이발사 OCCAM'S BARBER

2020년 8월 16일, 나는 저스틴 비버와 친구가 되었다.

당시 1억 4400만 명 인스타그램 팔로워 앞에서 자신에게 도전
한 내게 저스틴 비버는 공개적으로 "꺼져"라고 쏘아붙였지만 말이
다. 친구, 아는 사람, 철천지원수……, 뭐 그게 그거 아닌가?

어떻게 된 일인지는 잠시 후에 설명하고, 먼저 나를 소개하겠다.
나는 영양학 석사과정을 밟는 영국 국민보건서비스(NHS) 수련의
다. 지난 몇 년간 영양과학을 잘 안다고 자신하는 몇몇 의사들을
보고 정말 좌절했다. 먼저 이것만은 확실히 해두자. 식사와 건강의
관계를 과학적으로 연구하는 학문은 의과대학에서 배우는 학문과

다르다. 두 학문이 같다면 지금 내가 하는 학문적 연구는 시간 낭비일 것이다. 의사는 무엇보다 생의학을 연구하는 과학자다. 인체의 기능을 연구해 질병을 이해하고 치료하는 사람이라는 뜻이다. 의학과 영양의 공통분모는 생각보다 훨씬 적은데도, 두 학문의 근본적인 차이를 모르는 의사들은 자신의 능력을 넘어 말도 안 되는 책을 수없이 쓰고 출판한다.

영양 분야 베스트셀러 100위에 오른 책의 저자 중 어떤 직업을 가진 사람이 가장 많을까? 공인 영양사나 영양 전문가보다 의사가 2018년에는 4배나 많았다![1] 반대로 의학 학위도 없는 사람이 쓴 의학 서적이 압도적으로 많았다면 의사들은 분명 들고일어났을 것이다.

그뿐만 아니라 이런 책에서 주장하는 영양 조언은 너무 다양하고 아예 모순된 경우도 흔하다. 어떤 책은 탄수화물을 먹으라고 하는데, 어떤 책은 또 끊으라고 한다. 어떤 책은 지방을 먹으라고 주장하지만, 다른 책은 또 끊으라고 주장한다. 채식을 권하는 책도 있고, 육식을 권하는 책도 있다. 이런 책들은 자신의 주장을 따르면 살을 빼고 질병을 치료할 수 있다고 약속한다. 언론이나 소셜미디어에는 말도 안 되는 주장이 넘쳐나는 탓에, 이제 우리는 진짜 진실이 무엇인지조차 알 수 없게 되어버렸다. 아, 그렇다고 '지금까지 음식에 대해 우리가 들은 이야기는 전부 틀렸다'며 이유를 밝히는 책 이야기는 꺼내지도 말라. 다 집어치워라.

영양과학은 음식 자체는 물론 음식이 건강에 미치는 영향에 대해 **정말 다양한** 지식을 알려준다. 하지만 '야채를 더 많이 드세요' 같은 말은 그다지 눈길을 끌지 못한다. '지금의 몸에 도전하라'라든가, 건강과 체중감량을 약속하는 획기적인 해결책이 있다며 강하게 밀어붙이는 책이 훨씬 흥미진진하다. 하지만 단언컨대 건강과 체중감량은 완전히 별개다. 이제 시작해 보자.

음식은 약이 아니다

조심스럽게 내 의견을 말하자면, 영양에 관한 잘못된 정보를 가려낼 때 겪는 여러 어려움을 해결해 줄 단순한 진실은 바로 이것이다. **음식은 약이 아니다.***

요즘 영양 분야 서적 대부분은 이와 정반대로 이야기한다. 그렇지만 임상 영양이나 영양학 정규교육을 받은 전문가 중 음식이 약이라고 말하는 사람은 거의 없다. 이 사실만으로도 충분한 설명이 된다.

음식은 약이 아니라는 사실은 우리에게 결코 나쁘지 않다. 오히려 음식은 약이 아닌 편이 더 **낫다!** 음식이 약이라는 말로 우리를 유혹하는 사람들은 흔히 우리가 스스로 건강을 완벽하게 통제할 수 있다고 주장하지만, 이런 말은 건강이라는 문제를 개인의 책임으로 떠넘길 뿐이다. 어떤 식품을 먹는다고 다른 사람을 비난하거나, 더 좋은 식품을 선택하지 않은 탓에 병에 걸렸다고 은연중에 암시하는 말은 삼가야 한다.

음식은 약이 아니라고 인정한다고 해서, 좋은 음식이 건강에 긍정적인 영향을 미친다는 사실도 부정하는 것은 아니다. 둘은 양자

---

* '음식이 약이다'란 말이 심각한 섭식 장애의 회복 단계에서는 큰 도움이 될 수 있다는 점은 잘 알고 있다. 입원 치료가 필요한 환자라면 더욱 그럴 것이다. 여기서 나는 이를 무효화하자는 게 아니다. 이 특수한 예외가 나머지 사람들을 위한 규칙이 되지는 않는다.

택일의 문제가 아니다. 식습관과 같은 생활습관은 만성질환에 큰 영향을 미칠 수 있다. 게다가 평생 먹어야 했던 약을 끊는 데 도움을 주는 일도 훌륭한 목표다. 아이러니하게도 음식과 약의 차이를 받아들이면 이런 목표가 훨씬 현실적이고 실현 가능해진다.

잠깐, '서양 의학의 아버지'라 불리는 히포크라테스는 "음식이 약이 되도록, 약이 음식이 되도록 하라"라고 하지 않았던가? 책 서두부터 와장창 희망을 깨서 미안하지만, 사실 히포크라테스는 음식과 약을 연관시킨 적이 없다. 그저 허울 좋은 미사여구일 뿐이다.[2] 기원전 400년의 히포크라테스가 여러 의학적 측면에서 시대를 앞섰던 것은 사실이지만, 그가 말한 (또는 그가 말했다고 알려진) 문구를 오늘날의 지침으로 삼기에는 다소 문제가 있다. 예를 들어서 히포크라테스는 '유방만 한 부항 기구'를 이용해 생리를 멈출 수 있다고 믿었다.[3] 하지만 그러한 말을 인용하는 사람은 아무도 없지 않은가?

음식이 약이 되기를 바라는 집착 때문에, 식이요법으로 정체성 놀음을 하는 의사가 점점 늘었다. 이런 의사들의 소셜미디어 자기소개에는 '저탄수화물'이나 '육식' 같은 표현이 명예훈장처럼 자랑스럽게 달려 있다. 식이요법이 정체성으로 스며들면 흔히 편견과 폐쇄성으로 이어진다. 자신의 정체성에 의문을 제기하는 새 근거가 나타났다고 해서 그들이 시간을 들여 진실을 파헤칠까? 어떤 식이요법을 선택할지는 전적으로 개인의 자유지만, 의사라면 자신의 선택이 진료 중에 환자에게 전달되지 **않게 할** 의무도 있다.

다시 저스틴 비버 이야기로

저스틴 비버가 인스타그램에 이렇게 쓴 글을 보았다. "올바르고 건강한 음식은 정말 약이야." 그 아래 달린 설명은 이 말을 더욱 강조했다. "불안하거나 우울한 느낌은 대부분 식단과 관련 있어! 식단 바꿔봐! 난 정말 효과 봤다고!!!" 그의 말에 도전하는 나를 저스틴 비버 팬들이 좋게 받아들이지 않겠다는 생각이 스쳤지만, 영향력이 그렇게 큰 사람이 쓴 글이기에 더더욱 설명을 조금 덧붙이지 않고 그냥 지나칠 수 없었다. 그래서 다음과 같이 댓글을 남겼다.

> "이 글의 의도는 좋지만, 안타깝게도 상당히 해로울 수 있습니다. 음식은 많은 역할을 하지만 음식이 약은 아니지요. 음식이 중요하지 않다는 말은 아닙니다. 살아갈 에너지와 영양을 주지만 한계가 있다는 겁니다. 어떤 음식을 먹는다고 불안이나 우울증이 생기는 경우는 거의 없습니다. 정신 건강은 복잡한 문제인데, 이를 식품 선택 문제로 단순화하는 말은 옳지 않을 뿐만 아니라 매일 이런 질병과 싸우는 사람들을 낙인찍게 됩니다. 혹 이 글을 읽고 '음식을 바꿨더라면 정신 건강에 문제가 없을 텐데……' 하고

죄책감을 느끼는 분들이 있겠지요. 하지만 사실이 아닙니다. 여러분은 잘하고 있어요. 변화를 시도할 능력과 세상의 특권을 다 가진 유명인과 자신을 비교하지 마세요."

저스틴 비버의 관심을 끌거나, 게시글을 저격하려는 의도는 결코 없었다. 다만 게시글을 읽고 오해할 수 있는 대중에게 진실을 알리고 싶었다. 하지만 저스틴 비버가 내 댓글을 자신의 인스타그램 스토리에 올리고 이런 말을 덧붙이리라는 사실은 꿈에도 예상하지 못했다. "이봐, 꺼져."

비버의 팔로워들이 보내는 끝없는 비난 댓글을 막아내면서, 나는 약 1시간 동안 비버와 다이렉트 메시지로 이야기를 나눴다. 그는 사람들이 흔히 그렇듯 사전에서 약의 정의를 인용했고, 이어 음식으로 '전두엽을 치유할 수 있다'는 다소 특이한 주장도 했다. 엎치락뒤치락 논쟁을 주고받으며 나는 "문맥을 벗어날 수는 있지만 말의 영향을 무시하면 안 된다"라고 주장했다. 그 후 나는 비버가 뉘앙스를 아주 조금 바꿔 게시글을 수정한 것을 발견했다. 원래는 "불안하거나 우울한 느낌은 대부분 식단과 관련 있어"라던 글이 "불안하거나 우울한 느낌은 보통 식단과 관련 있을 수 있어"라고 바뀐 것이다. 옳은 방향으로 나아가는 움직임은 아무리 작더라도 의미 있다.

비버가 내게 마지막으로 한 말은 "당신에게 '꺼져'라고 한 말은 욕이 아니라 그냥 농담이었어요"였다. 나는 그 말을 이제 우리가 친구가 되었다는 의미로 받아들였다. 저스틴 비버, 당신의 다이렉트 메시지는 언제든 환영합니다.

이 책은 다이어트 책이 아니다

이 책은 어떤 대가도 바라지 않고 그저 내가 전하고 싶은 말을 쓴 책이다. 여러분이 영양에 대한 여러 최신 논의를 살필 때 이 책이 유용했으면 한다. 한 번 읽고 덮어두지 않고 나중에 몇 번이고 참고할 수 있는 '영양 헛소리' 백과사전으로도 활용되기를 바란다.

영양 헛소리(nutribollocks)
명사, 속어
과학적 증거가 거의 또는 전혀 없는, 말도 안 되는 영양 조언.
이상섭식행동을 조장한다.
21세기 초 용어로, 영양(nutrition)과 헛소리(bollocks)의 합성어
용례) "사과식초를 마시면 살 빠진다는 말은 완전히 영양 헛소리다."

또한 이 책이 다이어트 문화를 걷어내고 영양과 건강을 좀 더 편안하게 바라보는 데 도움이 되었으면 좋겠다. 가수 케이티 페리가

사과식초로 목욕하라든가, 테니스 선수 노바크 조코비치가 셀러리 주스를 마시라고 조언할 때만이 아니라, 친한 친구가 새로운 단식 요법을 추천할 때도 단호하게 문제를 제기할 수 있게 되었으면 한다. "음식은 약이다"라는 말이 왜 잘못된 생각인지 이해하고, 이 말이 조장하는 영양 헛소리를 쉽게 피하게 되기를 바란다.

음식에 대한 헛소리는 **너무** 많지만 이 책에서는 가장 흔한 주제를 선별하고 이에 맞설 근거를 가능한 한 많이 다루려고 했다. 참고로 이 책은 살 빼는 방법을 알려주는 다이어트 책이 **결코** 아니다. 서장과 1장에서 그 이유를 설명하겠다.

상반된 정보가 넘치는 인터넷을 샅샅이 뒤지던 몇 년 전에 이런 책이 있었으면 좋았을 것이다. 무엇을 찾는지 정확히 모르면서 답을 검색하는 행동은 그다지 도움이 되지 않는다. 개인적으로는 보디빌딩 커뮤니티와 그 안에서 퍼지는 속설로 빠질 뿐이었다. 당시 나는 탄수화물을 적으로 몰아붙이며 음식이 약이라고 주장하는 책을 사들이기 시작했다. 그 책들은 지금 내 책장 구석에서 먼지만 뒤집어쓰고 있다. 그렇다고 그런 책을 다른 사람에게 선물해 나처럼 오해에 빠지게 하고 싶지는 않다. 그보다 지금 이 책이 생명줄 역할을 해, 당신이 나와 비슷한 상황에 빠지지 않고, 당신을 끌어올릴 수 있기를 바란다. 한때 옳다고 생각했던 믿음을 버리고 마음을 바꾸는 일이 결코 부끄러운 일은 아님을 기억하자.

전문용어 커닝 페이퍼

이 책에서는 영양 헛소리를 다루기 위해 다양한 과학적 연구와 조사를 참고했다. 전문용어에 익숙하지 않은 분들의 이해를 돕기 위해 본론에 앞서 여기에 일종의 커닝 페이퍼를 제시한다.

책을 읽어나가면서 필요할 때 참고할 수 있고, 나중에 인터넷에서 만나는 내용을 이해하는 데도 도움이 될 것이다.

일화 Anecdotes	개인적 진술에서 나온 이야기. 편견 등의 영향을 많이 받을 수 있어 가장 낮은 단계의 과학적 증거다. 개인의 경험을 반드시 틀렸다고 무시해야 하는 것은 아니지만, 결론을 너무 확장하지는 말아야 한다.
연관관계/상관관계 Association/Correlation	서로가 다른 것의 결과일 수도 있고 아닐 수도 있는 연결 관계.
인과관계 Causation	하나가 다른 것의 결과임이 입증된 두 가지의 연결 관계.
코호트 연구 Cohort Study	일정 기간 어떤 집단의 사람들을 추적하는 연구로, 연구 집단은 보통 특정 질병에 걸릴 위험이 있는 사람들로 구성된다. 연구 내내 다양한 행동과 요인을 기록해 질병이 발생하거나 그럴 가능성이 있을 때 원인을 조사한다.
환자-대조군 연구 Case-control Study	어떤 조건에 있는 집단과 그렇지 않은 집단을 비교하는 연구. 보통 시간을 거슬러 조사해 집단 간 다른 요인이 있는지 확인하는 후향적 방법으로 조사한다.
무작위대조시험 RCT, Randomised Controlled Trial	참가자들을 두 개(혹은 그 이상)의 집단에 무작위로 배정해 서로 다르게 투여·시술 등의 개입을 하는 실험적 연구. 결과를 비교하기 위해 보통 한 집단에는 위약placebo을 제공한다. 무작위대조시험의 결과는 일반적으로 양질의 증거로 받아들여진다.
대사 병동 연구 Metabolic Ward Study	참가자가 연구 시설에서 종일 생활하는, 완벽하게 통제된 연구. 매일 24시간 참가자의 음식과 운동, 수면 등을 전반적으로 통제하고 측정하고 기록하며 관찰한다. 실험 설계가 제대로 되었다면 매우 신뢰할 수 있는 연구다.
메타 분석 Meta-analysis	여러 연구 결과를 통계적으로 결합해 결론을 끌어낼 수 있는지 확인하는 방법. 동일한 주제를 다뤘으나 개별적으로 분석하면 상반된 결과를 보이는 연구를 살펴볼 때 유용하다.
체계적 문헌고찰 Systematic Review	특정 주제를 다룬 모든 연구를 검토하는 방법. 품질이 좋지 않은 연구는 보통 제외한다. 일반적으로 메타 분석과 결합해 연구 결과를 분석하는 데 이용된다.

서장

막연한 믿음과 헛소리에 도전하기까지

내가 영양에 열정적으로 관심을 갖고 다이어트 문화에 도전하게 된 전후 사정을 설명하려면 맨 처음부터 시작하는 것이 좋을 것 같다. 대부분 집밥을 먹으며 자라온 특권을 누린 덕에 난 어릴 때부터 음식을 사랑했다. 요리를 좋아하셨던 아버지가 집에서 가사를 도맡으면서, 나와 두 동생은 매일 다양한 요리가 나오는 저녁 식사를 눈을 반짝이며 기대하게 되었다. 이렇게 괜찮은 상황에서 어쩌다 잘못된 식습관이 고개를 들게 되었을까?

불안정한 식품 섭취

할머니가 폐렴으로 돌아가신 지 얼마 지나지 않아 삼촌마저 자살로 생을 마감하시자 아버지의 음주 문제는 더욱 심각해졌다. 전체적인 기억은 희미하지만 몇몇은 지금까지 선명하다. 이런 기억들은 이후 닥쳐온 부모님의 이혼보다 더 큰 영향을 내게 미쳤다.

저녁 식사 시간은 날이 갈수록 힘들어졌다. 대체로 밥을 먹을 수는 있었지만, 한때 흠잡을 데 없던 아버지의 맵기 조절 감각은 차츰 길을 잃었다. 먹지 않으면 혼을 내셨기 때문에 나는 또래 백인 중산층 아이답지 않게 매운 칠리고추도 잘 먹을 수 있게 되었다. 싫어도 밥을 굶은 채 잠자리에 드는 것보다는 나았다. 대들어 봤자 소용없었다.

어머니가 저녁 늦게 퇴근할 때까지 기다려서야 뭘 좀 먹지 않으려면 음식을 쟁여둬야 했다. 그렇지만 어릴 때는 딱히 용돈이 많지 않으니, 굶지 않으려면 해서는 안 될 일에 기댈 수밖에 없었다.

하굣길에 간식 같은 것을 사러 자주 들르는 가게가 있었다. 가게에는 통로가 두 개 있었는데, 계산대에서 먼 쪽 통로에는 사각지대가 있어서 가방에서 뭔가를 찾는 척하면서 선반에서 프링글스 한 통을 어렵지 않게 슬쩍할 수 있었다. 걸리지 않았다는 사실이 솔직히 믿기지 않는다. 아직도 죄책감을 느끼지만, (분명히 말해두자면) 손재주 좋은 도둑이던 이력이 잠깐으로 끝나고 성인기까지 이어지지는 않아서 다행이라 생각한다.

학교에서 돌아오자마자 프링글스 한 통을 입에 털어 넣는 행동이 내게 좋았을까? 아마 그렇지 않았을 것이다. 이를 거듭하며 나와 음식의 관계가 어긋났을까? 분명 그랬을 것이다. 어머니가 돌아오시면 또 밥을 달라고 하는 습관이 자주 과식하도록 이끌었을까? 확실히 그랬다. 사실은 배고프지 않은데도 먹는 행동은 항상 잘못된 식습관일까? 그렇지는 않지만, 저녁을 먹지 못할까 두려워

서 했던 어릴 적 행동은 분명 잘못됐었다. 나는 스스로 통제할 수 있다고 느끼고 싶을 때마다 음식에 의존하게 되었다. 보통은 효과가 있었지만 장기간 의존하면 결국 제 역할을 하지 못할 가능성이 상당히 큰 행동이었다.

다음 장에서 체중에 영향을 미치는 요인이 얼마나 복합적인지 논하겠지만, 내 어린 시절 경험 같은 일은 다른 아이들보다 체중이 많이 나가는 데 분명 일조했을 것이다. 체중 때문에 인생이 달라질 수 있다는 사실을 처음으로 느낀 때는 내 기억에 초등학교에서다.

신체 이미지 불안정

당시 항상 내게 트집을 잡는 골목대장 한 명이 있었다. 내 머리가 너무 길다느니 짧다느니, 내 코가 너무 크다느니, 친구가 없다느니, 나쁜 친구만 사귄다느니, 옷이 거지 같다느니 하면서 말이다. 매주 주제도 바뀌었다. 뭘로 트집 잡을지 예측할 수 없으니 꼬투리를 내주지 않으려고 신경이 곤두선 채로 하루를 보내느라 진력이 났다. 하지만 아무리 애써도 그 애가 언제든 나를 놀릴 수 있는 한 가지가 있었다. 바로 내 몸무게였다.

남을 괴롭히는 아이들은 언제나 불안과 비겁함을 가지고 있다. 부끄럽지만 이듬해 학교를 옮기고 나서 나 역시 그 두 가지 요소를 몸에 익혔다. 보잘것없고 하찮은 사람이라 느끼던 예전 학교를 떠나며, 새 학교에서 똑같이 당하지 않을 유일한 방법은 그뿐이라 여긴 것이다. 어른이 되어서도 남을 체중으로 비난하는 사람도 다르지 않다. 인터넷이라는 익명성까지 더해지면 눈앞에서는 감히 차별하지 못하는 사람도 대담해진다.

어릴 때부터 비교적 최근까지 나는 인생 대부분을 체중감량과 씨름하며 보냈다. 인간으로서 내 가치는 본질적으로 남들에게 어떻게 보이는지와 체중계 숫자에 달려 있었다. 날씬하지 않으면 매력적이지 않고 사랑받을 자격도 없다는 생각이 머리에 맴돌았다. 이런 불안은 처음으로 진지한 연애를 할 때도 지속되었고 결국 그 관계가 깨지는 데 큰 역할을 했다. 불안 때문에 나는 소유욕 강한 사람이 되었고, 당연하게도 결국 차였다. 통찰력이 없던 나는 다시 버려지지 않기 위해 매력적인 사람이 되려고 애쓰며 체중감량에 두 배로 몰두했다. 꽤 교훈적인 회고담이지 않은가?

의사가 된다니 꽤 멋진걸

자라면서 나는 체스 마스터나 프로 요리사, 가수까지 다양한 직업을 꿈꿨다. 팝 아이돌 그룹을 결성하는 TV 오디션에 합격하면 인생이 얼마나 달라질까? 의사는 꿈꿔본 적이 없었지만, 열여섯 살이던 어느 날 나는 학교에서 돌아와 어머니께 대학에서 의학을 공부하겠다고 말씀드렸다. 당시 직업 상담사에게 두꺼운 진로 책을 받아와 직업을 골랐던 기억이 난다. 나나 반 친구들이 얼마나 골칫덩이인지 알았기 때문에 학교 선생님은 그다지 끌리지 않았다. 과학자라는 폭넓은 직업군을 보고는 실험실에서 일해볼까 하는 생각도 들었다. 하지만 최후의 '선택'은 의사였다. 그냥 멋있어 보여서였다. 당연하게도 어머니가 눈썹을 치켜올리며 이렇게 회의적인 반응을 보였던 것이 지금도 기억난다.

"흠, 좀 두고 보자."

가까운 사람 중에 의사가 없었던 탓에, 의사가 된다는 것에 대해 아무것도 모른 채 의대에 들어갔다. 사실 의사는 정말이지 감정적으로 진이 빠지는 일이다. 계약 조건을 바꾸는 정부와 싸우거나, 코로나 대유행 동안 적절한 보호 장비도 없이 장시간 노동을 해야하기도 한다. 정말 좋아하지 않으면 계속할 수 없는 일이다. 평생지금처럼 이 직업을 사랑할 수 있으면 좋겠다.

이상섭식행동

대학을 졸업하면서 살을 빼고 싶은 다른 이유가 생겼다. 날씬하지 않으면 좋은 의사가 될 수 없다고 믿은 것이다. 개인적으로나 사회적으로 몇 년이나 체중 낙인이 찍히자, 무의식적으로 내게 찍힌 부정적인 고정관념을 받아들였다. 본인은 '과체중'이라 '건강이 나쁘면서' 환자에게 체중감량을 권하는 행동은 엄청난 위선이라는 감정에 사로잡혔다. 지금은 그런 생각이 내면화된 체중 낙인 때문이라는 사실을 깨달았지만 말이다. 환자들이 내 조언을 진지하게 받아들일 리 없다고 실제로 믿었다. 담배를 피우는 사람이 담배를 끊으라고 조언하는 것과 다를 바 없다고 여긴 것이다. 당시에는 그 비교가 적절하다고 생각했다. 살이 찐 것은 살을 빼려고 열심히 노력하지 않는 생활습관 때문이라고 배워왔기 때문이다. 다음 1장에서 이 문제에 대해 더 이야기할 것이다.

2016년 나는 '책임감'을 가지고 오직 살 빼려는 목적으로 인스타그램 계정을 하나 만들었다(솔직히 이런 의도로 사용되는 인스타그램 계정이 많기 때문에 다분히 논리적인 단계로 보였다). 비스킷을 하나 먹으면 그 사진을 인스타그램에 올리겠다고 다짐했다. 그러면 친구들이 내게 핀잔을 줄 것이고, 곧 간식을 덜 먹고 더 '열심히' 다이어트할 수 있을 것이다. 하지만 첫째, 체중을 늘리는 범인으로 왜 비스킷을 지목했는지는 전혀 알 수 없다. 둘째, 책임감을 느끼려고 수치심을 이용하는 행동은 정말 문제가 많은 방법이지만 당시에는 그런 생각을 거의 하지 못했다.

의대에서 보낸 6년 동안, 유행하는 다이어트를 제대로 판단하고 피하는 법을 배웠다면 좋았겠지만, 실은 그러지 못했다. 살 빼기 위해 가장 먼저 한 일은 식단에서 탄수화물을 대폭 줄이는 일이었다. 탄수화물은 다이어트의 적이니까! 스물네 살이던 내게 돌아가 이 책으로 머리를 한 대 친 다음 책을 주고 싶다. 그때 나는 영양 헛소리에 대한 믿음에서 벗어나지 못했다. 사실 누구나 그렇다. 이 책은 당신이 영양 헛소리에 빠졌다고 면박을 주려는 의도로 쓴 책이 아니다. 다시는 그런 일이 일어나지 않도록 돕는 책이다.

요리할 시간과 능력이 있는 나는 칼로리를 정확히 측정하기 위해 모든 식사를 내 손으로 처음부터 끝까지 만들기 시작했다. 영양소 따위는 거의 고려하지 않았다. 내가 제대로 하고 있는지 측정할 유일한 방법은 체중계 숫자였다.

나는 마이피트니스팔MyFitnessPal 앱과 애증(주로 증오) 관계를 맺었다. 다행히 이 앱을 모르는 당신을 위해 잠깐 설명하자면, 먹는 음식을 전부 기록해 칼로리를 추적할 수 있는 모바일 앱이다. 휴게실에서 초콜릿 한 조각을 먹고 상자를 뒤집어 앱으로 바코드 찍는 사람이 되고 싶지 않다면 절대 내려받지 마시라. 해봤는데, 별로다.

이런 행동은 나와 음식의 관계에 영향을 미쳤다. 이 관계는 매우 중요하다. 음식은 태어나서부터 죽을 때까지 우리 삶에 필수적인 요소지만, 우리는 이상섭식행동disordered eating behaviours이 건강에 미치는 영향을 흔히 간과한다. 나는 이 장에서 이상섭식행동 경험을 이야기했지만 사실 그 단어를 정의하지는 않았다. 이제 그 말의 의미를 자세히 살펴보자.

　'건강에 나쁜 섭식 행동'과 '이상섭식행동'을 명확히 구별하기는
쉽지 않다. '정상적인' 섭식 행동은 나이, 문화, 상황, 병력 등 여러
요소로 정의할 수 있다. 라마단 동안 종교적 이유로 금식하는 행동
은 이상섭식행동이 아니지만, 살 빼려고 낮 동안 먹지 않는 행동은
이상섭식행동일 수 있다. 당뇨병을 앓는 사람이 탄수화물 섭취량

을 줄이면 혈당 조절에 도움이 될 수 있겠지만, 당뇨병 환자가 아 닌데도 체중이 늘까 봐 탄수화물을 먹지 않으면 어떻게 될까?

이상섭식행동은 건강에 부정적인 영향을 줄 수 있는 비정상적인 행동이다. 다이어트 이야기를 할 때 사람들이 정말 어려워하는 것 은 무엇이 '정상'인지 정의하는 것이다. 어떤 식습관은 분명 이상 섭식행동이지만, 대부분은 상황에 따라 다르다. **우리는 모두 똑같 이 먹게 되어 있지 않다.** 소셜미디어에는 이렇게 먹으면 저렇게 보 일 것이라는 잘못된 약속이 넘쳐나지만, 전부 완전히 헛소리다. 음 식과 관련한 우리의 결정은 살찌지 않고 날씬해지고 싶은 욕망에 끊임없이 사로잡힌다. 우스꽝스러울뿐더러 엄청 지겨운 이야기다.

이상섭식행동과 섭식 장애eating disorders는 일종의 스펙트럼으로 생각할 수 있다. 섭식 장애는 모두 이상섭식행동을 보이지만, 이상 섭식행동이 모두 섭식 장애로 발전하지는 않는다. 사회에서 다이 어트를 정상으로 보는 관점은 분명 도움이 되지 않는다. 다이어트 는 우리가 깨닫든 그렇지 못하든 자신과 음식의 관계를 위협하고 섭식 장애가 발생할 위험을 늘린다.

아직도 잘 모르겠는가? 그렇다면 도움이 될 만한 개인적인 사례 를 하나 들겠다(경고: 지금 섭식 장애를 겪고 있는 사람은 다음 두 문단을 건 너뛰어도 좋다).

마이피트니스팔 앱을 계속 사용하면서 나는 칼로리 섭취를 줄이 는 다소 특이한 방법을 찾기 시작했다. 건포도, 설탕, 향신료가 든 음식이면 뭐든 좋아했지만 당시에는 하나도 먹지 않았다. 건포도 가 가득 든 파이나 과일 파운드케이크도 안 먹었다. 오트밀 건포도 쿠키도 금지였다. 핫크로스번 빵도 뺐다. 이렇게 제한하자 오히려 이런 음식에 대한 갈망이 커지면서 반복적으로 폭식하게 되었다. 정말 좋아하는데 안 먹느라 특히 고생했던 음식은 민스파이였다.

크리스마스가 다가오자 나는 새로운 방법을 고안했다. 민스파 이를 먹은 다음, 삼키지 않고 쓰레기통에 뱉는 것이었다. 당시에는 말이 되는 행동 같았지만, 수치심이 밀려왔다. 들키지 않으려 극도 로 조심했고, 옆에 누가 있을 때는 절대 그러지 않았으며 누가 볼 까 봐 쓰레기통에 뱉은 것은 잘 숨겼다. 한번은 내가 그러고 있을 때 동거인이 다가오는 바람에 눈치채지 못하도록 캑캑 숨 막히는 척을 했던 적도 있다.

비슷한 상황이라면 도움을 줄 수 있는 사람에게 연락하라. 절대 상황을 무시하면 안 된다. 지역 의사나 섭식 장애를 겪는 사람을 돕는 지원센터에 먼저 도움을 요청하는 편이 가장 좋다.

아이스크림이 그렇게 논란이 되다니

처음엔 '언패트닝(@unfattening)'이라 이름 지었던 내 인스타그램 계정 이야기로 돌아가 보겠다. 계정 이름을 옆에 새긴 커스텀 러닝

화를 샀고, 문신도 새길 생각까지 했다. 그러지 않아 천만다행이다.

계정을 연 지 몇 년 지나지 않아 음식 사진이나 변신한 몸 사진만 가끔 올렸는데도 3만 명 이상의 팔로워가 그럭저럭 모여들었다. 인스타그램 소개에는 '근거 중심 피트니스'라는 문구도 넣었다. 으악, 민망해라. 내 세상은 체중감량과 다이어트 문화를 중심으로 돌아갔고, 당시 꽤 살을 뺀 나는 이 분야에서 내가 전문가라고 자신했다. 한물간 유명인부터 의료 전문가까지 인터넷에서 공통으로 다루는 분야 말이다.

하지만 아이스크림에 대해 무심코 쓴 게시글 하나가 나도 모르는 새에 완전히 상황을 뒤바꿔 놓았다.

'헤일로탑*'이라는 아이스크림을 아는가? '죄책감 없이 먹을 수 있는' 고단백 저칼로리 아이스크림을 표방하며 출시된 헤일로탑은 한 통을 다 먹어도 부담 없다며 우리를 부추겼다. 나는 인스타그램에서 헤일로탑을 받들어 모시며 찬양했다. 제조사가 나를 후원해 주면 터무니없는 가격을 내고 계속 사 먹지 않아도 되지 않을까 싶어 인스타그램 스토리에 헤일로탑 제조사를 태그하기도 했다. 아마 그만 귀찮게 하라는 뜻이었는지 공짜 샘플을 얻은 적도 몇 번 있다.

당시에는 내 팔로워들이 온라인 콘텐츠를 찍은 스크린 캡처를

---

* Halo Top. 미국 유명 건강 아이스크림 브랜드. 설탕 대신 스테비아, 알룰로스 등의 대체 감미료를 사용하고 유지방을 줄여 칼로리를 낮췄다. 국내에도 유통되고 있다.-편집자

내게 보내며 의견을 묻거나 진실을 폭로해 달라고 요청하는 일이 흔했다. 2018년, 영양 전문가이자 '직관적 식사*' 상담사로 런던에서 활동하는 로라 토머스(@laurathomasphd)가 나를 자신의 인스타그램 스토리에 링크했다. 그는 헤일로탑이 폭식을 장려한다며 맹비난하고, 왜 진짜 아이스크림이 아닌 헤일로탑 아이스크림을 먹고 싶어 하는지 물었다. 내가 기억하는 바로는 어쨌든 비슷했다. 완전히 인신공격 받은 것 같은 느낌이 들어서 로라에게 다음과 같이 메시지를 보냈다.

> "일반 아이스크림과 거의 **똑같은** 맛이면서, 영양가 없는 공갈 칼로리와 설탕을 몸에 밀어 넣지 않고도 엄청 많이 먹을 수 있잖아요!!! 다이어트 문화가 나쁠 수 있지만 고설탕 고칼로리 제품을 몸과 건강에 더 좋은 것으로 대체한다는 전제를 왜 공격하죠? 이해를 못 하겠네요."

정말로 그랬다. 나는 저칼로리 대체 식품이 왜 결코 좋지 않은지 도무지 이해하지 못했다. 당시 로라는 나를 무시하고 넘어갈 수 있었지만 (그리고 그랬어야 했겠지만) 나중에 친절하게 이런 답장을 보내주었다.

----

*   intuitive eating. 배고프면 먹고 싶은 음식을 제한 없이 즐기되, 배부르면 지체 없이 그치는 식사법. 식단 제한이 오히려 폭식·과식을 부른다는 생각에서 출발했다. 8장에서 소개된다.—편집자

"아이스크림을 공갈 칼로리 식품이라고 부르는 데는 조금 조심스러워야 한다고 생각합니다. 아이스크림에는 사람들에게 필요한 비타민, 미네랄, 단백질도 들어 있어요. 아이스크림이 문제라는 말은 사실 마케팅에 불과합니다. 헤일로탑이 '건강'하니까 통째로 먹어도 된다는 말은 제안도 아니고 사실 그럴 것이라는 기대에 불과합니다. 게다가 먹고 나면 훨씬 덜 만족스러워서 일반 아이스크림보다 한두 숟가락쯤 더 먹게 될 수도 있어요. 그러면 속이 더부룩해지고 경련이 일어나 결국 화장실로 달려가야 할 수도 있죠(수용성 섬유질이 너무 많아서요). 이런 제품은 사람들이 음식과 좋은 관계를 맺도록 돕지 않고, 반대로 건강에 대한 잘못된 생각에 빠지도록 꼬드깁니다(여기서 좋은 관계란, 가끔 아이스크림 한 통 먹는다고 죄책감이나 '나쁜 짓'을 했다고 느끼지 않으면서 음식을 폭넓게 먹을 수 있는 관계를 말합니다)."

음식에 대해 이런 말은 들어본 적이 없었다. 일리가 있었지만, 당시 내 사고방식으로는 그대로 받아들일 수 없었다. 음식에 대한 내 믿음에 정면으로 도전하는 말이었다. 아이스크림 한두 숟가락쯤 더 먹어도 괜찮다는 단순한 말조차 생소했다. 당시 나는 좋아하지만 '건강에 나쁜' 음식이라고 제쳐두다가 결국은 폭식하게 되는 음식은 사지도 않았다. 내적갈등 끝에 진실을 더 많이 알고 싶어진 나는 스스로 놀랍게도 로라에게 이런 답장을 보냈다.

"당신의 경험과 전문성을 매우 존경합니다. 만나서 솔직하게 이야기를 나누고 싶어요. 제가 환자에게 건네는 의학적 조언이 정확했으면 해서요. 진심으로 당신 의견을 듣고 싶습니다."

로라는 매우 상냥하게도 제안에 동의했다. 다음 달 나는 기차를 타고 런던 중심가로 가서 오후 내내 로라에게 질문을 이어갔다. 대화를 나누며 더 혼란에 빠졌지만, 로라가 말한 체중과 건강, 다이어트에 관한 이야기의 아주 **작은 일부**라도 사실이라면 더 파고들어야 한다고 생각했다. 체중 포용weight inclusivity과 '직관적 식사'라는 개념을 받아들이는 첫걸음이었다. 그리고 이것이 모든 것을 바꿔 놓았다.

틀려도 좋다

이후 열 달은 흥미로웠다. 읽은 적 없는 논문을 읽고, 다양한 팟캐스트를 몇 시간이나 듣거나, 소셜미디어에서 처음 보는 사람들을 팔로우했다. 다이어트와 관련 없는 인스타그램 계정주들은 갑자기 언패트닝이라는 사람이 왜 자기 콘텐츠에 관심을 보이는지 당황했을 것이다! 당시 내 게시물들을 다시 살펴보면 머릿속 갈등을 말로 표현하기 위해 내가 얼마나 애썼는지 알 수 있다. 시간이 지

날수록 내 주장 대부분은 모순덩어리에 문제투성이였다는 사실이 드러났다.

체중감량을 적극적으로 권하지 않게 되면서, 내 인스타그램 계정 이름이 적절한지 따져보게 되었다. 처음에는 계정 이름을 고수하려 했다. 특히 '좋아요'는 **더욱** 지키고 싶었다. 언패트닝이라는 이름은 쉽게 눈길을 끌기 때문에 버리기 싫었다. 이야기를 전하고 싶은 바로 그 부류의 사람들을 끌어들이기 때문에 그 이름을 계속 사용해도 괜찮다고 나 자신과 사람들을 설득했다. 그 이름이 초래할 해로움은 무시했다. 머릿속으로는 결과만 좋다면 수단이야 어쨌든 괜찮다고 여겼다. 자만심이 나를 가로막았다.

2019년 1월, 아이러니하게도 '다이어트' 절정이던 그때, 마침내 이를 악물고 계정 이름을 '닥터조슈아월리치(@drjoshuawolrich)'로 바꿨다. 나중에 깨달았지만 새 이름은 내 어깨에서 무거운 짐을 덜어주었다. 이후 인터넷에서 나는 체중 낙인과 건강 불평등, 영양 헛소리, 유행하는 다이어트에 도전하는 사람으로 바뀌었다.

이 책에서 당신이 건강과 영양에 대한 믿음에 도전하는 내용을 발견하기를 바란다. 어떤 주제에 대한 의견을 바꾸려면 책 몇 페이지로는 얻을 수 없는 신뢰가 필요하겠지만, 지금까지 보여준 내 솔직함이 이 신뢰의 바탕을 이루는 데 도움이 되었으리라 확신한다. 그럼 이제 시작해 보자.

체중은 건강을 말해주지 않는다

십 대 때 어머니께 어떻게 해야 살이 빠질지 여쭤본 기억이 난다. 어머니는 도우려는 마음에 지방이 10g 미만으로 든 샌드위치만 먹으라고 단호하게 조언해 주셨다. 나는 의심할 여지 없이 어머니를 믿었고, 그 조언을 떠올리지 않고 샌드위치를 살 수 있게 되기까지는 오랜 시간이 걸렸다.

영양 헛소리는 여기저기 퍼져 있다. 사랑하는 친구나 가족에게 비슷한 이야기를 들어본 사람이 얼마나 많은가? 최근에도 내 동료 의사 한 명은 내가 묻지도 않았는데 탄수화물을 완전히 끊으면 살 빼는 데 얼마나 도움이 되는지 설명하기도 했다. 한술 더 떠서 케토제닉* 다이어트의 장점까지 설명하기 시작했다. 혈압이 올라 그의 말을 끊어야 했다.

온라인이나 오프라인에 떠도는 영양 헛소리는 대부분 어떤 형태로든 체중감량을 약속한다. 최근 몇 년간 사람들이 조금씩 더 현명해지면서 '다이어트'가 믿을 만하지도, 안전하지도 않다는 사실을

---

* ketogenic. 체지방을 에너지 삼는 신체 상태를 유발할 목적으로 탄수화물을 철저히 제한하는 식이요법. 단순 저탄고지 다이어트와 달리 특정한 지방·단백질·탄수화물 비율을 지켜야 한다.–편집자

깨닫자, 많은 영양 헛소리는 건강을 약속한다며 전략을 바꿨다. 체중감량에 도움이 된다던 주스 단식은 '신진대사를 리셋'하는 '해독' 요법으로 탈바꿈했다. 하지만 교묘한 마케팅에 속지 말라. 그래봤자 헛소리다.

내가 '모든 체중에서 건강을Health at Every Size', 즉 HAES 방식[4]을 따르는 의사라고 하면 사람들 대부분은 내가 '체중은 건강에 **어떤 식으로든** 영향을 미친다'는 사실을 믿지 않는다고 여긴다. 하지만 그건 아니다. 의료는 대체로 체중 및 체중감량에 초점을 맞춰 건강과 웰빙을 정의하는 '체중 규정' 접근법을 따른다. 그러면 결국에는 건강한 체중이라는 좁은 정의에 들어맞지 않는 사람을 차별하게 된다. 반면에 HAES는 '체중 포용' 접근법으로 환자를 다루도록 권장한다.

건강은 **매우** 여러 측면에서 살펴야 하며, 건강과 체중의 연관성은 생각만큼 간단하지 않다. 우리는 체중 낙인의 유해성을 묵인하지 않고 공개적으로 인정해야 한다. 의사들은 체중감량이 건강을 개선하거나 장기적으로 지속 가능하다는 보장이 없는데도 환자에게 살을 빼라고 마구잡이로 조언하지 말아야 한다. 의료는 모름지기 체중과 관계없이 **모든** 환자를 포용해야 하며, 모든 사람이 접근할 수 있어야 한다. 지금까지는 그렇지 않았더라도 이제는 바뀌어야 한다. 자세한 내용은 이 장의 뒷부분에서 더 다룰 것이다.

우리 사회는 우리에게 건강과 체중이 관련 있다는 믿음을 심었다. 이 장을 다 읽고 나면 이런 믿음이 과연 정당한지 의문을 제기하게 될 것이다. 체중과 제2형 당뇨병의 연관성 같은 것조차도 흔히 생각하는 것처럼 단순하지 않다(이에 대해서는 3장에서 더 깊이 살펴볼 것이다). 하지만 이 책은 이런 **방대한** 주제를 가볍게 훑어보는 맛보기이므로, 이 책을 다 읽은 다음에 반드시 더 폭넓게 살펴보기를 바란다.

먼저, 특권을 인정하자

나는 백인 중산층 남성이다. 엄청난 특권이다. 누군가에게 특권을 가졌다고 지적하거나 암시하면 보통 방어적인 태도를 보이거나 당황할 것이다. 성취를 위해 열심히 일하고 많은 장애물을 극복했는데 특권이라는 말로 자신의 성과를 깎아내리는 것처럼 느낄지도 모른다. 나도 그런 기분을 잘 안다.

그렇지만 특권을 인정한다고 반드시 부유한 환경에서 자랐다거나, 많은 것을 물려받았다거나, 그저 과시하기만 한다는 의미는 아니다. 특권을 가졌다고 해서 그 사람이 힘들게 살아왔는지 아닌지 알 수는 없다. 하지만 특권을 가졌다는 것은 태어난 곳, 피부색, 사회경제적 지위처럼 스스로 통제할 수 없는 여러 조건에서 남들보다 우위에 있다는 뜻이다. 요컨대 우리도 뜻대로 수월하게 살지 않았다고 해도, 다른 이들은 갖지 못한 특권을 가지고 있을 수는 있는 셈이다.

이 이야기를 이렇게 일찍 꺼낸 이유는 특권이 식품과 건강에 대한 **모든** 대화와 밀접한 관련이 있기 때문이다.

최근 나는 소셜미디어를 통해서 다음과 같은 댓글을 받았다.

"언제 건강 정보 전달자에서 특권 운운하는 사회정의 투사로 바뀐 거예요?"

건강과 영양은 **본질적으로** 사회경제적 문제이자 특권의 문제다. 나는 요리할 시간이 있는 특권이 있다. 신선한 과일과 야채를 살 특권이 있고, 음식이 빨리 상하지 않게 보관할 냉장고를 가졌다는 특권이 있다. 또한 운동할 시간과 신체적·정신적 능력을 갖췄다는 특권도 있다. 이런 특권을 일부러 모두 무시하면, 건강에 도움이 되는 행동을 하거나 하지 않는 것은 모두 도덕적 책임 공방의 대상이 된다.

하지만 건강은 도덕적 책임을 묻는 문제가 되어서는 안 된다. 이 책에서 딱 한 가지 교훈만 얻는다면 바로 이 점이었으면 한다(당신이 계속 셀러리 주스를 마신다고 해도 말이다).

특권을 인정한다고 사회정의 투사라면, 그래도 괜찮다. 비난도 기꺼이 받겠다.

건강을 정의하는 사회적 결정 요인

> 건강 격차와 건강을 정의하는 사회적 결정 요인은 부차적 문제
> 가 아니라 주된 문제다.[5]
>
> **−마이클 마멋 경**Sir Michael Marmot, 유니버시티칼리지런던 역학 및 공중보건 교수

건강은 대부분 우리가 거의 통제할 수 없는 요인의 영향을 받는
다. 이 사실을 무시하면 우리가 보기에 '건강을 최우선으로 여기지
않는' 사람들을 경멸하게 된다. 체중 낙인이 찍힌 적이 있다면 이
런 정서를 금방 이해할 것이다. '개인적 책임'이라는 말은 결코 진
실이 아닌데다 **믿을 수 없을 만큼** 다른 사람을 낙인찍는다.

건강의 사회적 결정 요인은 삶의 질과 수명의 약 70%를 결정한
다. 건강을 정의하는 결정 요인은 우리가 사는 조건을 이루고 이
조건에 계속 영향을 미치는 환경을 말한다. 세계보건기구(WHO)
는 이 요인을 다음과 같이 다섯 범주로 분류했다.

1. 의료 접근성과 질
2. 교육 접근성과 질
3. 사회와 공동체 환경
4. 경제적 안정성
5. 이웃과 환경

이 요인들은 서로 매우 긴밀히 연결되어 있다. 예를 들어서 경제적 안정성이 높은 환경에서 태어난다는 것은 공기질과 수질이 더 나은 세계에서 살 가능성이 크다는 의미이자, 더 나은 병원 치료를 받을 수 있고, 더 수준 높은 교육을 받을 수 있다는 사실을 뜻한다. 즉 식이요법이나 운동처럼 건강에 좋은, 약간은 통제 가능한 행동을 굳이 하지 않더라도 전반적으로 더 건강이 좋고 기대수명이 높다는 의미다.

누구나 노력하면 가난에서 벗어날 수 있고 건강이 좋아질 수 있다는 믿음은 현실과 다르다. 이런 믿음은 근사해 보이지만, 사실 영국과 미국의 가난한 가정에서 태어난 아이가 국민 평균 소득만큼 벌 수 있는 자리까지 올라가는 데는 최소 다섯 세대(150년)가 걸린다.[6] 우리가 특권을 인정해야 하는 중요한 이유다. 그래야 우리의 특권을 이용해서 건강 격차와 건강 불평등을 겪는 이들 편에 설 수 있다.

건강 격차는 일반적으로 유전적 요인이나 자원 부족처럼 직접 바꿀 수 없는 요인 때문에 건강 자원이 불균등하게 배분되는 현상을 말한다. 반면 **건강 불평등**은 차별이나 정치 문제 때문에 생기는, 불공평하지만 노력하면 피할 수 있는 차이다. 체중이 많이 나가는 사람이 열악한 의료 서비스를 받고 결과도 좋지 않은 가장 큰 이유는 바로 이 건강 불평등이다.

식품 불평등

흔히 정부의 식이요법 지침을 따르기는 쉽다고 생각한다. 하지만 영국 하위 10% 가구가 영국 공중보건국 이트웰 가이드Eatwell Guide 의 권고를 따르려면 가용소득의 **74%**를 식품에 써야 한다.[7] 상위 10% 가구가 식품에 써야 하는 가용소득은 단 6%밖에 되지 않는 것과 상당히 비교되는 수치다. 이것이 식품 불평등이다. 영양가 있는 식단을 제대로 챙기는 일은 많은 사람이 쉽게 감당할 수 없는 특권이다. 하지만 우리는 건강한 식품을 먹는 행동을 개인적 책임 이라 치부하며 그렇지 못한 사람들을 낙인찍는다.

게다가 영국 인구의 약 16%인 천만 명 넘는 사람들은 '식품 아파르트헤이트food apartheid' 상태로 살고 있다.[8] 빈곤과 열악한 대중교통, 대형 슈퍼마켓의 부재로 신선한 과일과 야채에 대한 접근이 심각하게 제한된 식품 불안정 속에 사는 것이다. 영국에서 100만 명은 냉장고 없이, 200만 명은 레인지 없이, 300만 명은 냉동고 없이 살고 있다는 점은 문제를 더욱 복잡하게 만든다.[9] 과일과 야채를 보관할 수 없다면 접근성도 무의미하다.

영국에서 가장 빈곤한 지역에 사는 사람은 그렇지 않은 사람보다 평균 체중이 더 높다(국민소득이 높은 다른 나라에서도 비슷한 경향이 나타난다[10]). 따라서 빈곤은 체중에 영향을 미치는 것으로 보인다. 큰 그림을 이해할수록 '살을 빼려면 적게 먹어야지'라는 비난은 정당화되기 어렵다.

해로운 추정

뚱뚱해지는 것에 뿌리 깊은 두려움을 가진 사회에 사는 우리는 체중이 건강을 정의하지 못할 수도 있다는 가능성을 받아들이지 않는다. '날씬하다'는 사실은 그저 겉모습에 불과한데도 날씬하면 건강하다고 주장하면서 우리 입장을 정당화한다. 믿지 못하겠다고? 사고 실험을 하나 해보자. 건강하고 뚱뚱한 몸과, 건강하지 않지만 날씬한 몸 중 하나를 선택하라면 무엇을 선택하겠는가? 당신의 뇌가 머뭇거리고 있지 않은가? 내 말이 그 말이다.

우리는 체중이 건강을 정의한다는 추정을 만날 때마다 의심해야 한다. 이런 생각이 우리 마음에 너무 깊이 뿌리내린 탓에, 우리는 건강에 좋은 행동의 효과를 모조리 살이 빠지는지 아닌지로 판단한다. 운동이 좋은 예라고 할 수 있다. 규칙적인 운동은 건강에 상당히 좋지만, 사람들 대부분은 운동하면 살이 빠진다는 이야기를 듣고 나서야 운동을 시작한다. 또한 살이 빠지지 않으면 환상이 깨지고 다시 운동을 그만둔다. 건강을 모두 체중과 관련짓는 일은 말도 안 될 뿐만 아니라 실제로 건강에 좋은 습관을 무시하게 만들 수도 있다.

혼란스럽다면 처음부터 정리해 보자. 체중이 너무 적게 나가거나 너무 많이 나가면 건강에 좋지 않은 영향을 미칠 수 있다. 과하면 좋지 않다는 말은 물 마시기나 수면처럼 삶의 거의 모든 영역에서 마찬가지다. 하지만 체지방이 **실제로** 문제가 되는지 알아내기는 몹시 어렵다. 건강은 매우 여러 방면에 걸쳐 있기 때문이다.

의료계에서 환자를 분류하고 환자의 건강 상태를 파악하는 데 고집스럽게 체질량지수(BMI)를 사용해 온 탓에, 체중을 섬세하게 고찰하지 않는 성향이 널리 퍼졌다. 또한 비만이라는 말은 차별적으로 사용되는 경우가 너무 많다.

나는 체중으로 사람들의 건강 상태를 추정하고 분류하지 않을 것이다(임상에서도 이런 용어를 사용하지 않으려 한다). '과체중'이라는 말은 정말 무의미하고(도대체 **어떤** 기준 체중을 넘는다는 것인지?), 타인이 겪는 고통은 **거의** 고려하지 않는다. 개인적으로 이런 용어를 절대로 사용하지 말아야 한다고 생각하지만, 앞으로 논의할 내용에서 이런 말이 의미를 명확하게 하는 데 간혹 도움이 될 수도 있을 것이다.

그리고 나는 이 책에서 '뚱뚱한'이라는 말을 객관적인 서술어로 사용할 것이다. 이 단어는 단순한 서술어로서 본래 자리를 아직 조심스럽게 되찾아오는 중이므로, 처음에는 이렇게 사용하는 게 어색하게 느껴질 수도 있다. 뚱뚱하다는 말은 모욕이 아니어야 한다. 이 말을 정상적으로 사용할 기회가 많아질수록 뚱뚱하다는 말이 가진 부정적인 영향은 줄어들 것이다.

체질량지수(BMI)

의학계가 체질량지수에 의존하게 된 배경을 이해하려면 약 200년 전 벨기에 수학자 아돌프 케틀레Adolphe Quetelet를 살펴야 한다. 그는 '평균적인' 사람을 정의할 목적으로 인체측정학을 개척한 것으로 유명하다. 케틀레는 자신이 생각하는 '이상적인' 체중을 찾기 위해 백인 서유럽 남성 집단의 체중과 키에 근거해 수식을 만들었다.

통계적 관점에서 이 수식은 개인 수준이 아니라 집단 수준에서 평균 체중을 측정하고자 설계되었다(그게 그거 아니냐고 할 수도 있지만 사실 그렇지는 않다). 200년 전 특정 민족의 평균 체중이 현재 모든 민족과 성별의 평균 체중을 정확히 결정할 수 있을까? 당연히 그럴 수 없다. 하물며 건강 상태는 말할 것도 없다.

케틀레의 원래 작업은 건강과 관련이 없었지만 20세기 전반에 변화가 일어났다. 미국 생명보험 회사들은 보장 범위에 대한 청구액을 결정할 새로운 방법을 찾기 위해 케틀레의 수식을 바탕으로 체중과 키에 대한 자체 자료를 수집하기 시작했다. 과학적 연구를 바탕으로 한 자료들은 하나도 없었지만, 이 자료는 지금도 더 비싼 보험 견적을 해명하는 데 이용된다.

전국의 의사들이 환자 건강을 추정하는 편리한 방법으로 보험 회사의 새 분류법을 이용하기 시작하는 데는 그리 오랜 시간이 걸리지 않았다. 수십 년 후, 의사들은 케틀레의 원래 수식이 체지방

예측에 '조금 더 낫다'고 판단하고 원점으로 돌아갔다. 연구에 따르면 케틀레의 원래 수식도 겨우 절반 정도에만 들어맞는다고 밝혀졌는데도 말이다.[11] 이런 일이 모두 얼마나 비과학적인지 깨닫기 시작한 분은 손을 들어보시라.

오늘날 체질량지수라고 불리는 이 측정법은 1985년 미국 전역에서 공식적으로 사용 허가를 받았다.[12] 성인 중 BMI 27.8이 넘는 남성과 BMI 27.3이 넘는 여성은 건강하지 않다고 분류되었다. 이 수치가 어디에서 나왔을까? 음, 관련자들이 '바람직한' BMI 수치보다 20% 높은 수준까지만 적합하다고 '제멋대로(내 표현은 아니다)' 결정했기 때문이다. 증거에 기반한 의료라고는 볼 수 없다.

10년 후 로비 단체는 세계보건기구에 압력을 넣어, 정상 체중 기준을 남녀 모두 BMI 25로 낮추고, 이 기준을 넘으면 '과체중'으로, BMI 30이 넘으면 '비만'으로 분류하는 새로운 기준을 추가하도록 했다. 이 로비 단체 회원들은 체중감량 클리닉을 운영할 뿐만 아니라[13] 당시 체중감량 의약품을 생산하는 두 제약회사에서 자금 대부분을 지원받았다. 최소한 의심할 여지는 있다.

모두 음모론으로 모는 나만의 편견이라고 생각할 수도 있지만, BMI 기준선을 낮추는 데 사용된 증거를 얼핏 살펴보기만 해도 그렇지 않다는 사실을 알 수 있다. 로비 단체가 세계보건기구에 제출한 연구 자료에서는 BMI가 40 이상인 경우에만 BMI와 건강의 연관성이 확인되었다.[14] 로비 단체가 제출한 연구 보고서에 따르면 기준선을 낮추는 것이 아니라 도리어 **올렸어야** 한다. 하지만 그랬다면 체중감량 산업의 성장에는 별 도움 안 되지 않았겠는가? 얼마나 어이없는 일인지 웃음도 나오지 않는다.

몇 년 후 미국은 이 기준을 그대로 따랐다. 《왜, 살은 다시 찌는가》의 저자인 린도 베이컨Lindo Bacon은 "1998년 6월 어느 날 밤 마법이 일어나 평균 체격이던 미국인 2900만 명은 하루아침에 뚱뚱해져 버렸다. 제2형 당뇨병, 고혈압, 죽상동맥경화증의 잠재 위험이 늘고 정부가 체중감량을 권하는 상태가 된 것이다"라고 썼다.[4]

오늘날 BMI라는 개념을 제안했다면 과학적 기준을 통과하지 못했겠지만, 반세기 넘게 이 개념을 사용하면서 BMI는 의료 체계와 연구에 각인되어 버렸다. BMI와 건강, BMI와 질병 발생 위험의 관계를 살펴보는 연구에는 모두 결함 있는 측정법을 사용했다는 모순이 따른다. 그렇다고 꼭 BMI가 무의미하다는 말은 아니지만, 생각해 볼 문제기는 하다. 대체로 그렇게 하지는 않지만 말이다.

BMI는 '정말 쓸 만한가'

사람들은 BMI가 어느 정도는 건강과 상관관계가 있다고 주장하며 BMI가 완벽하지 않다는 사실을 얼버무린다. 하지만 정말 그런가? 참고로 현재 영국의 남녀 BMI 기준은 다음과 같다.*

----

* 대한비만학회는 2022년 비만진료지침에서 BMI 23~24.9를 비만 전 단계(과체중, 위험체중), 25 이후를 비만으로 구분하고 비만을 다시 세 단계로 세분화했다.-편집자

BMI 18.5 미만	저체중
BMI 18.5~24.9	건강한 체중
BMI 25~29.9	과체중
BMI 30 이상	비만(보통 더 상세히 구분됨)

　BMI와 사망률과의 관계를 살펴본 최근의 가장 대규모 연구는 영국 성인 360만 명의 자료를 이용한 2018년 연구다.[15] 이 연구에 따르면 '과체중' 범주는 완전히 쓸모없으며, BMI 18.5('건강한 체중'의 가장 아랫단)인 사람과 BMI 30('비만' 체중의 시작점)인 사람의 사망률은 차이가 없었다.

　전 세계의 성인 290만 명을 대상으로 한 다른 연구에서도 '과체중' BMI인 사람들이 실은 전반적으로 **가장 건강하다**는 비슷한 결과가 나타났다.[16] 게다가 BMI 30~35로 '비만'으로 규정된 사람과 '건강한 체중'인 사람의 사망률은 완전히 똑같았다! BMI를 집단 수준에서 계속 사용하려면 '건강한 체중'이라는 범주는 **최소한** BMI 18.5~30은 되어야 하지 않을까?

　하지만 문제는 그렇게 간단하지 않다. 오른쪽의 그래프는[15] BMI의 양쪽 극단으로 갈수록 사망률이 증가한다는 연관관계를 나타내며, 모두 성별과 나이의 영향을 받는다는 사실을 보여준다. 여성은 BMI 증가와 사망률의 연관성이 남성보다도 훨씬 적고, 오히려 '저체중'인 경우에 더 문제가 되었다. 또한 나이에 따른 패턴도 매

BMI와 사망률의 연관관계

 성별

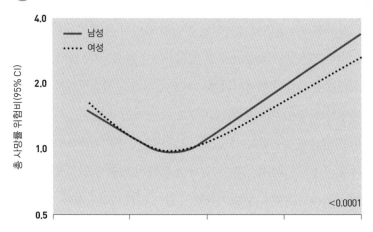

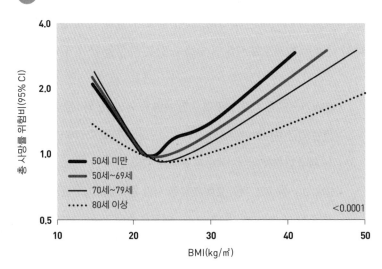 **나이**

우 비슷했다.

모든 사람에게 적용할 수 있는 측정법을 만들 수는 없다. 그러니 BMI 표를 잘 들어맞게 고치려고 괜한 수고를 할 필요는 없다.

사회경제적 요인이 전반적인 건강에 얼마나 큰 영향을 미치는지 논의한 것을 기억하는가(46쪽 참고)? 이제 알겠는가? 앞서 살펴본 그래프에 사용된 데이터의 약 1%만이 실제로 사회경제적 요인을 반영한다. 뿐만 아니라 어떤 자료도 체중 낙인 또한 체중과 관계없이 사망률을 늘린다는 사실을[17] 인정하지 않는다(이에 대해서는 나중에 좀 더 자세히 살펴볼 것이다). 간단히 말해서 폐암 원인을 연구하면서 참가자의 흡연 여부를 기록하지 않는 것과 마찬가지다.

가장 나쁜 상황은, BMI를 이용해 그린 집단 수준의 그래프를 이용해 개인의 건강을 판단하는 일이 그야말로 신뢰할 수 없고 부실한 의료로 이어진다는 점이다. 혈액 검사나 혈압 관찰 등을 통해 대사 문제를 제대로 조사하면 다음과 같은 사실을 알 수 있다.

- BMI가 '건강한 체중' 범주에 속한 사람 중 거의 3분의 1은 실제로는 건강이 나쁘다.[18] BMI로 개인의 건강 상태를 추정하면 병을 제때 발견하거나 치료하지 못할 수 있다.
- BMI 30~34.9로 '비만'으로 분류된 사람 중 3분의 1은 신진대사로 볼 때 건강하다.[19] 그런데도 이들은 흔히 건강에 대한 부적절한 말을 듣고 다이어트하라는 조언을 받는다.

많은 의사는 BMI가 말도 안 된다는 사실을 거리낌 없이 인정하면서도 그대로 사용한다. 의료 정책은 난임 치료나 인공관절 치환술을 실시할 때 순전히 BMI 수치에 근거해 환자를 계속 차별한다. BMI를 그대로 써서 환자의 건강 상태를 추정하는 데 이용하면 안 된다. **이제 멈춰야 한다.** 환자를 체중계에 올리지 않고도 현재 건강 상태를 판단하고 문제를 확실히 해결할 방법을 제안할 수 있다.

체지방과 건강

BMI를 쓰레기통에 던져 넣고 태워버렸으니, 이제 체지방이 많으면 건강에 정말 나쁜 영향을 미치는지 알아보겠다. 맥락을 섬세하게 살펴보는 일은 중요하기 때문이다.

간단히 대답하자면, 체지방이 저장된 신체 부위에 따라 다르다.

지방 조직은 에너지를 저장하기도 하지만, 호르몬이나 성장 인자 같은 다양한 물질을 생산해 내분비 기관으로도 간주된다.[20] 배고픔이나 에너지 소비, 면역 같은 과정을 조절하기도 한다. 지방이 저장된 부위에 따라 지방의 기능과 활성은 다르며, 건강에 미치는 영향도 다르다.

대부분의 지방 조직은 피하(피부 바로 아래)에 저장되어 있고 나머지는 내장(복부 장기 주변)과 근육에 저장된다. 체지방의 악영향은 저장 부위와 관련 있다는 사실에 우리가 제시할 수 있는 가장 강력한 근거에 따르면, 내장지방이 늘면 건강에 해로운 영향을 미칠 가능성이 가장 크다.[21] 복부 주변 피하지방은 그다음이다. 연구 결과 엉덩이와 허벅지에 피하지방이 늘면 모든 나이의 성인에서 대사 건강이 오히려 **보호**되었는데,[22] 이는 호르몬 수치가 개선되었기 때문으로 풀이된다. BMI 수치로는 지방 분포에 대해 아무것도 알 수 없는데, 이는 BMI와 건강의 상관관계가 형편없다는 사실을 뒷받침하는 또 다른 근거이기도 하다.

신체 어느 부위에 지방을 저장할지는 주로 유전 요인이 결정하지만, 생활습관도 이에 영향을 미친다. 앞서 언급한 건강의 사회적 결정 요인을 기억하는가? 운동 부족,[23] 수면의 질 저하,[24] 식이섬유 섭취 부족,[25] 만성 스트레스는[26] 모두 몸이 내장지방을 저장하게 만드는 요인이다.

하지만 체지방이 반드시 나쁘다고 생각해서는 안 된다. 체지방이 많아서 건강에 **도움이 되는** 경우도 있다. 요즘 영국에서는 건강한 뼈라면 견딜 만한 충격에도 발생하는 취약성 골절이 큰 문제로 떠오르고 있다. 골다공증처럼 뼈 강도가 낮아지면, 이런 상태가 된 노인은 넘어졌을 때 뼈가 부러질 가능성이 훨씬 크다. 엉덩뼈가 골절되면 1년 이내에 사망할 확률이 최대 30%까지 높아진다.[27] 하지만 완경폐경 여성이 체지방이 많으면 골다공증이나 취약성 골절에 따른 사망이 실제로 **예방**된다.[28] 완경 전 여성이 체지방이 적으면 호르몬 분비에 부정적인 영향을 받아 생리가 몇 달이나 끊기기도 하는 시상하부성 무월경이 발생하기도 한다. 심혈관 질환 위험이 늘고 골밀도도 감소한다.[29]

질병에 걸렸을 때 체지방은 보호 기능도 한다. 심부전이나 신장 질환 같은 만성질환을 앓는 사람은 체중이 늘면 사망 위험이 **낮아진다**. 뚱뚱한 환자는 상태가 심각해져 중환자실에 입원해도 생존할 가능성이 더 큰데,[30] 코로나 대유행 동안에도 마찬가지였다.[31] 체중 때문에 환자를 거부하는 결정을 정당화할 실질적 근거가 없는데도, 어떤 환자가 중환자실에 들어가기에 적합한지 결정할 때 BMI를 동반 질환(이미 가진 의학적 상태)으로 간주하기도 한다는 사실은 특히 큰 문제다.

체지방이 건강에 나쁜 영향을 미칠 수 있더라도 체중감량이 곧 정답이라거나 문제를 해결할 유일한 방법은 아니다. 연구에 따르면 건강한 생활습관(매일 다섯 가지 이상의 야채와 과일 섭취, 규칙적인 운동, 적당한 음주, 금연)은 체중과 관계없이 건강에 좋은 영향을 미친다.[32] 처음에는 '정상' 또는 '비만' BMI였던 사람도 이 네 가지 습관을 모두 따르자 집단 간 '사망률 차이'는 완전히 사라졌다. 심폐 건강을 개선하기만 해도 높은 체중과 사망률의 연관관계가 사라진다는 다른 연구 결과도 이를 뒷받침한다.[33]

체중이 건강을 정의한다는 추측은 사실이 아닐 뿐만 아니라 논리가 너무 약하다. 이제 이런 말은 이쯤 해두자.

체중감량은 그저 의지력 문제가 아니다

체중감량의 비밀은 '적게 먹고 많이 움직이는 것'이라는 말을 얼마나 많이 들어봤는가? 이 말은 돈을 많이 벌고 적게 쓰면 금방 부자가 될 수 있다는 말과 비슷하다. 논리적으로는 옳을 수도 있지만 현실은 훨씬 복잡하다.

일정 기간 평소보다 에너지를 많이 섭취하면 결국 지방으로 몸에 저장된다. 필요한 에너지보다 적게 섭취하면 반대 현상이 일어난다. 하지만 섭취하는 에너지와 몸이 사용하는 에너지의 양에 영향을 미치는 요인이 얼마나 많은지 살펴보면 문제가 복잡해진다.

2007년 영국 정부가 의뢰한 미래예측 프로젝트는 이런 '에너지 균형'에 영향을 미치는 100가지 이상의 다양한 요인을 살핀 보고서를 냈다. 이 보고서는 우리가 오랫동안 알던 사실 한 가지를 확인해 주었다. 체중이 느는 것은 한 가지 원인 탓이 아니라는 사실이다. 여기서 100가지를 모두 설명할 수는 없지만 생각해 볼 만한 몇 가지 핵심 요인을 살펴보자.

- 생물학적 요인: 근육량, 체지방 분포, 아동기 성장, 소화 기관 효율성, 유전적 소인, 식욕 정도, 신진대사
- 개인의 심리적 요인: 스트레스, 체중과 신체 사이즈에 대한 관심 정도, 음식 조절에 대한 관심 정도, 사회적 관계
- 사회심리학적 요인: 미디어 소비, 음식에 대한 문화적 평가, 흡연, 음식 광고에 대한 노출
- 식품 소비: 다양성, 에너지 밀도, 음주, 편의성, 이용 가능성, 식사 속도, 1회 제공량
- 식품 환경: 비용, 고용 상태, 다양한 입맛을 맞춰야 한다는 압박
- 개인 활동: 어린 시절의 활동, 직업 관련 활동, 교통수단 이용,

여가 활동

- 활동 환경: 신체 운동 비용, 보행 안전, 신체 운동 접근성, 실업

이 요인들은 약 3분의 1에 불과하다. 이런 요인들이 서로 관련 있다는 점에 유의해야 한다. **스트레스**를 예로 들어보자. 스트레스는 **식욕**을 늘리거나 줄이는 영향을 주며 **흡연** 위험을 높이고, 결과적으로 다시 **식욕**을 억제하면서 **여가 활동** 능력을 줄일 수도 있다.

누군가가 그저 열심히 노력하지 않아서 살이 안 빠진다고 단정하는 것은 낙인을 찍는 행동일 뿐만 아니라 정말 말도 안 되는 일이다. 체중은 훨씬 복잡한 문제다.

당신이 '투잡'을 한다고 생각해 보자. 집에 오면 재료 다듬기부터 시작해 요리할 시간이나 에너지 따위는 없지만, 소셜미디어에서는 계속 그렇게 해야 한다고 다그치기 때문에 당신은 부끄러움을 느끼기 시작한다. 집 근처에 큰 슈퍼마켓이 없고 차도 없어 운전해서 갈 수도 없다면 어떨까. 집에서 걸어갈 수 있는 동네 가게나 패스트푸드점밖에 선택할 수 없다. 당신과 두 아이가 먹을 것을 찾는 일이 쉽지는 않지만, 당신이 살 수 있는 몇 가지로 그럭저럭 때운다. 아이들에게 원하는 만큼 건강한 음식을 해주지 못한다는 생각에 끊임없이 스트레스를 받지만 다른 선택지는 거의 없다. 남들에게 어떻게 보일지 항상 불안해서 살을 좀 빼려고 일주일 동안 저녁을 굶기로 한다면? 효과는 있겠지만 직장에서 활기가 부족해지니

영원히 저녁을 굶을 수는 없다. 당신과 음식 사이 관계가 또다시 타격을 입을 뿐만 아니라 언제나 그랬듯 체중도 다시 돌아온다.

나는 이런 일을 겪지 않을 만큼 충분한 특권을 가지고 있지만, 영국에 사는 수백만 명에게 이런 일은 현실과 그다지 멀지 않다. 살을 빼고 자신의 '성공담'을 파는 수많은 사람은 이런 현실을 전혀 보지 못한다. 자녀 양육, 야간 근무, 또는 그저 전 세계적 코로나 대유행 속에 산다는 스트레스 때문에라도, 우리는 모두 어느 쪽으로든 체중에 영향을 미치는 다양한 요인을 경험한다.

요요는 거의 불가피하다

다이어트의 95%는 실패한다는 말을 들어봤을 것이다. 이는 사실일까? 현실은 그다지 밝지 않다. 참가자 스스로 선택한 식단을 따른 사람들을 5년 동안 추적관찰한 체중감량 연구 29건을 살펴본 조사 연구가 있다.[34] 현재 우리가 아는 한 가장 괜찮은 연구다. 5년이 지나자 빠진 체중의 80% 이상이 되돌아왔고, 빠진 체중의 절반 이상이 되돌아온 시점은 다이어트가 끝나고 고작 2년이 지난 후부터였다. 모든 체중감량 연구에서 추적관찰 기간이 끝나기 전에 참가자의 체중이 다시 늘었다.

사람들은 성공적으로 살을 뺄 수 있다는 증거로, 장기적 체중감량의 특성을 조사하기 위해 설립된 미국 체중조절등록National Weight Control Registry 데이터베이스를 거론한다.[35] 하지만 몇 가지 언급해 둘 것이 있다. 첫째, 미국 체중조절등록 자료는 살을 뺀 사람이 직접 **선택해서** 등록한 것이다. 요요가 온 사람이 등록할 가능성은 거의 없으므로, 장기적 체중감량에 대한 통계는 모두 과대평가될 수밖에 없다. 둘째, 체중감량에 성공한 사람들에 대한 설명도 그다지 고무적이지 않다. 이들은 신체 활동 수준이 높고, 주중이나 주말 가리지 않고 저칼로리 식단을 먹었다. 절반 이상이 여전히 체중감량을 위해 적극적으로 노력하고 있다고 밝혔고, 하루에 적어도 한 번 이상 체중을 잰다고 말했다. 당신이 말하는 성공의 척도가 무엇일지 모르지만, 내가 보기에 적어도 이건 아니다.

우리 몸은 체중감량에 저항하게 되어 있다

체중감량에 저항하는 현상은 수천 년 동안 진화론적 관점에서 유익했다. 인간이 살아온 역사 대부분 식량이 부족했기 때문에, 몸은 섭취한 에너지를 최대한 보존해야 했다. 그에 비하면 오늘날 서구 세계는 매우 풍족해졌지만, 우리의 생물학적 기능은 아직 그만큼 바뀌지 못했다.

몸은 체중을 계속 '설정체중setpoint'에 맞추려는 체중조절 시스템을 내장하고 있다. 설정체중은 우리가 체중을 조절하지 않을 때 몸이 가장 편안하게 느끼는 체중을 말한다. 대사 병동 연구(참가자를 임상시험 동안 연구 병동에 입원시켜 실시하는 연구) 결과에 따르면, 우리 몸은 체중이 얼마나 변하든 대사를 빠르게 바꿔 빠진 체중을 보정해 설정체중으로 되돌리려 한다.[36]

문제는 많은 사람이 배고픔과 포만감 신호를 무시하면서 의도적으로 체중을 조절하려 하므로 이 시스템이 엉망이 된다는 것이다. 예를 들어보겠다.

렙틴leptin은 주로 지방 세포에서 생산되는 호르몬이다. 렙틴은 식욕을 줄여 음식 섭취를 조절한다. 다이어트를 해서 체중이 줄면 렙틴 수치가 빠르게 낮아지고, 렙틴이 줄면 지금 일어나는 상태에 저항하기 위해 몸이 배고픔을 느낀다. 연구에 따르면 렙틴 수치가 낮아지면 고에너지 식품을 먹고 체중을 더 빨리 회복하도록 설탕을 감지하는 미뢰의 반응이 높아지기도 한다.[37] 다이어트를 중단하고 체중이 다시 늘면 렙틴 수치는 정상으로 되돌아온다.

문제는 다이어트와 체중 순환(체중감량과 회복의 반복)이 계속되면 렙틴 수치가 정상으로 돌아오지 못하게 되어[38] 오히려 영구적으로 더 배고픔을 느끼고, 뺀 것보다 체중이 더 늘어날 가능성이 크다는 점이다.

체중이 설정체중 이상으로 늘면 렙틴이 증가해 체중을 다시 줄이려고 하지만, 조금 지나면 몸은 여기에 저항한다.[39] 내가 여기서 다룰 것보다 상황은 훨씬 복잡하지만, 문제의 핵심은 이것이다. 렙틴은 설정체중을 내리기보다 올리기가 훨씬 쉬운 요인 중 하나일 뿐이라는 점이다. 다이어트가 체중을 늘리는 변수임이 드러난 이상,[40] 이제 우리는 다이어트를 중단하고 우리 몸을 있는 그대로 받아들여야 한다.

체중감량은 결코 단순한 의지력 문제가 아니다. 체중감량을 의지력 문제로 치부하면 체중을 개인적 책임으로 돌리게 되고, 이는 공공연한 차별을 낳는다. 우리는 다음 논점을 살펴봐야 한다.

체중 낙인의 부정적 영향

'체중 낙인'은 타인을 체중에 따라 차별하거나 고정관념을 갖는 것이다. 체중 낙인은 우리가 인정하는 것보다 훨씬 많이 퍼져 있다. TV 프로그램에서 뚱뚱한 인물이 어설프거나 게으르고 웃긴 역할이 아닌 것을 봤는가? 뚱뚱한 인물이 어엿한 로맨스 주인공으로 등장하는 것을 본 적이 있는가? 연구에 따르면 체중 낙인 발생률은 인종차별 발생률과 거의 비슷하지만,[41] 사회는 계속 체중 낙인을 용인하고 미디어와 정부는 부추긴다. 몇 가지 사례만 들어봐도, 우리 문화는 체중이 많이 나가는 사람을 도덕성이 부족하거나, 위생 상태가 나쁘거나, 지능이 낮다고 보는 경향이 있다. 어느 하나도 사실이 아님은 말할 필요도 없다.

놀랍게도 이런 차별은 의료계에도 만연해 있다. 의사들은 뚱뚱한 환자가 불편하고 말을 잘 듣지 않는다며 명백하고도 암묵적인 '반-지방' 편견을 드러낸다.[42] 한 연구에 따르면 과체중이나 비만으로 분류된 환자의 절반 이상이 체중에 대한 부적절한 언급을 의사에게 들은 적이 있다.[43]

이렇게 되면 의사들은 뚱뚱한 환자에게 적절한 의료를 제공하지 못하게 된다. 대표적 사례는 자궁내막암과 난소암을 진단하는 골반 검사에서 나타난다. 의사는 뚱뚱한 환자에게 이런 검사를 하기를 꺼린다.[44] 화나는 일 아닌가?

체중 낙인은 환자를 죽일 수도 있다. 최근 자궁경부암 도말검사를 받으러 온 익명의 환자 사례를 보자.[45] 검사를 하던 간호사는 환자가 뚱뚱해서 검사하기 너무 어렵다고 불평하며 환자에게 다음에는 살 빼고 오라고 말했다. 환자는 다시 오지 않았고 결국 32세에 전이성 자궁경부암으로 사망했다.

의료에서 체중 낙인이 초래한 쓰라린 현실의 단면이다. 체중 낙인이 찍힌 환자는 병원 방문을 꺼리게 될 뿐만 아니라 다른 의료서비스를 아예 찾지 않게 될 가능성이 크다.[46] 무지는 더는 변명이 되지 못한다. 현실을 해결할 책임은 의료 전문가에게 있다.

내가 체중 낙인을 내면화한 결과 뚱뚱하면 좋은 의사가 될 수 없다고 믿게 되었다는 이야기를 기억하는가? 나만 그런 것이 아니라는 연구 결과가 있다. 한 연구에서는 의대생이 체중 낙인을 내면화하면 우울증 증상과 약물 남용을 겪을 가능성이 더 컸다.[47]

체중 낙인 경험은 매우 해로우며 개인의 정신적, 육체적 건강에 큰 영향을 미친다.[48] 그 영향은 다음과 같다.

- 우울증, 불안, 섭식 장애, 자살 충동 및 자살 행동[49]
- 혈압 상승[50]
- 만성 스트레스와 염증[51]
- 심장 질환 위험[52]

이 모두를 종합하면 체중 낙인 자체가 사망 위험을 약 60%까지 늘린다는 결론에 이르게 된다.[17]

체중 낙인을 찍는 행동을 정당화하는 말 중 하나는 체중 낙인이 찍히면 살을 뺄 것이라는 주장이다. 말하자면 '사랑의 매'라는 것이다. 하지만 정말 말도 안 되는 헛소리다. 설령 **효과가 있더라도** 차별에는 변명의 여지가 없으며, 사실 체중 낙인은 오히려 체중 증가를 조장할 수 있다.[53] 체중 낙인이 찍혀 받는 스트레스 때문에 음식을 스트레스 해소 방법으로 이용하고[54] 운동은 하지 않으면서 더 많이 먹게 된다.[55]

이제 체중 낙인 문제를 진지하게 다루어야 한다. 바로 지금이다.

의도적인 체중감량의 위험

다이어트가 위험하지 않다고 오해하는 경우는 너무 흔하다. 의사들은 이런 오해에 빠져 무분별하게 체중감량을 권한다. 나는 당신이 살 빼고 싶어 한다고 혼내려는 것이 아니라, 다이어트 시도의 위험성을 이해하도록 가능한 한 많은 정보를 제공하려는 것이 목적이란 걸 알아주길 바란다.

다이어트와 섭식 장애의 연관성을 살펴보자. 섭식 장애를 겪는 이유와 방법에는 복잡한 요인이 여럿 관여하므로 여기서 딱 잘라 말하기는 조심스럽지만, 무시할 수 없는 강력한 연관관계는 있다. 다이어트는 모든 섭식 장애 발생의 위험 요인이라는 일관된 연구 결과가 있으며,[56] 여러 연구에서 2년의 연구 기간 후 '정상 식이'에서 섭식 장애로 진행되는 비율은 거의 10%에 가까웠다.[57] 신경성 식욕부진을 겪는 사람은 특히 모든 정신 질환 환자 중 사망률이 가장 높은데,[58] 이 질병의 진단 기준 중 하나는 음식 섭취를 계속 거부하는 것이다. 따라서 다이어트의 실제 유해성에는 더욱 관심을 기울여야 한다.

다이어트 문화는 섭식 장애 행동을 유발하고 또 일반화한다. 다이어트 문화는 다이어트가 사실 '건강에 도움이 된다'고 설득하며 다이어트를 정당화한다. 식사를 거르고, 칼로리를 계산하고, 배고픔 신호를 무시하고, 식사 전 물을 많이 마시는 등, 가상의 섭식 장애 안내서에 나올 법한 행동을 여기저기서 부추긴다.

체중감량이 본질적으로 건강하다면 물을 먹지 않는 행동도 금방 정당화될지도 모른다. 우리는 자신의 행동이 가져올 부정적인 결과를 무시한다. 살만 빠지면 다 괜찮다고 생각하기 때문이다.

이런 식으로 행동하면 안 된다. 이런 습관은 논리적이지도 않고 건강을 해친다.

다이어트를 했지만 다행히 명확한 섭식 장애가 발생하지 않은 운 좋은 대다수에게도 여전히 불안, 낮은 자존감, 음식 집착, 식욕 억제제 사용 등 여러 문제가 발생할 위험이 도사리고 있다. 체중감량은 건강을 개선하지도 않고, 장기적으로 지속할 수도 없다. 이런 사실과 위험을 모두 합쳐보면, 지금까지 계속된 체중감량 시도를 그만둘 때도 되지 않았나? 큰마음을 먹고 시작해야겠지만, 건강에 훨씬 도움이 될 것이라 약속한다. 한번 해보자.

이 장을 시작할 때 언급했듯, 여기서 다루는 주제는 상당히 방대하다. 시간이 날 때 읽어볼 수 있는 다른 책들도 많으므로 꼭 읽어보기를 권하고 싶다. 이후 논의를 진행하며 내가 다룰 영양 헛소리의 상당수가 체중에 대한 잘못된 가정을 앞세워 우리를 유혹하고 있다는 사실을 알게 될 것이다. 하지만 다행히 이제 우리는 한발 앞서 있다.

음식은 약이 아니다

의과대학에서는 영양이나 식이요법을 거의 배우지 않는다. 영양이 건강 전반에서 차지하는 큰 역할을 생각하면, 언뜻 보기에는 교과 담당자들의 실수로 보이기도 한다. 상황이 나빠졌을 때만 환자를 치료하는 의학과 달리, 영양 분야는 환자에게 식이요법 등 건강에 좋은 행동을 하도록 유도하니 기존 현대의학에 부족한 능력이 있다고 할 수도 있다. 하지만 내가 '언뜻 보기에'라는 말을 쓴 것을 보면 그렇게 확신하지는 못한다는 사실도 눈치챘을 것이다.

의사로서 우리는 학제 간 팀을 이뤄 환자를 치료한다. 다양한 전문 분야의 의료 전문가들은 서로 협력해 적절한 치료계획을 수립한다. 의과대학에서 고관절 치환술을 받은 환자의 재활 운동 프로그램을 설계하는 법을 가르쳐주지 않았지만, 다행히 물리치료사는 이 분야 전문가다. 나는 환자의 삼킴 행동을 적절히 판단해 뇌졸중을 겪은 환자가 질식하지 않고 음료를 안전하게 마실 수 있는지 확인하는 방법을 배운 적 없지만, 이를 제대로 훈련받은 언어치료사들이 있다. 학제 간 팀에서 중요한 역할을 하는 사람이 또 누구 있을까? 바로 공인 영양사와 영양 전문가다. 의사는 여러 전문지식을 적절히 모을 충분한 지식을 가져야 하지만, 이제 다른 이의 도움 따위는 필요 없다고 할 만큼 알지는 못한다. 도움이 필요 없다고 생각한다면 의료는 열악해질 것이다.

식이요법이 중요하지 않다는 의미도 아니다. 사실 정반대다. 이 것이 내가 영양학 석사과정을 선택한 이유 중 하나다. 영양이 중요하지 않다고 생각했다면 영양학 연구는 완전히 시간과 돈 낭비였을 것이다. 나는 의대생들이 의과대학에서 영양 분야를 **배워야** 한다고 생각하지만, 누가 교과과정을 담당할지는 정말 걱정된다. 인터넷에 떠도는 영양 관련 이야기를 보면 목소리가 가장 큰 사람은 의사다. 이런 현상이 왜 문제가 될까?

영양학 공부에 관심을 가졌을 때, 논문을 읽고 분석하는 데 전혀 문제가 없으리라 생각했다. 나는 의사고, 의사라면 '과학을 이해'할 수 있기 때문이다. 문제는 의과대학에서 다음과 같은 중요 사실을 가르쳐 준 적이 없다는 사실이다. 바로 생의학과 영양과학은 다르다는 점이다. 둘은 전혀 다른 학문인데도 나는 그 사실을 몰랐다.

둘의 차이를 이해하는 사람이 의대생들에게 영양을 가르쳐야 한다. 그렇지 않으면 미래의 의사는 모두 음식은 약이라고 믿게 될 위험이 있다. 특히 권위 있는 전문가가 이런 말을 하면 사람들에게 해를 끼칠 가능성이 아주 크다. 하지만 이런 주제를 끄집어내면 자칫 분노를 유발할 수 있으므로, 다음과 같은 사실을 분명히 말해두어야겠다. 음식은 약이라는 말은 대부분 의도는 좋지만, 이에 대한 비판이 필요하다는 점은 변함이 없다. 해를 끼칠 가능성이 있으면 의도는 좋아도 그냥 지나치면 안 된다.

영양소는 약이 아니다

"안녕하세요, 조슈아. '음식은 약이다'라는 말이 비판해야 하는 중대한 문제라는 의견에 동의합니다. 그 이유에 대해 개인적인 경험을 공유하고 싶습니다. 저는 성인이 되어 심각한 피부 질환을 앓았습니다. 이차성 패혈증으로 사흘간 병원에 입원했던 것을 포함해 수많은 병원을 전전하며 진단과 끝없는 약물 치료, 국소 치료를 받았습니다. 절망과 불편함이 계속되는 긴 여정이었죠. 지금은 상태가 호전되었고 피부는 지난 3년보다 더 나아졌다고 느낍니다. 면역조절제인 메토트렉세이트 주사를 맞고 있기 때문이죠. 그 약이 없었다면 증상을 다스리는 데 스테로이드밖에 쓸 수 없었을 거예요. 이 여정을 1000000배쯤 힘들게 만들었던 건, 제 피부 질환을 치료하려면 유제품과 글루텐을 끊고 강황을 수 톤쯤은 먹어야 한다는 주변 사람과 인터넷의 (엄청나게 많은) 조언이었어요. '긁지 않으면 괜찮아'라는 사람들의 조언도 그랬지만, 이런 조언은 치료가 저에게 달려 있다는 정말 해로운 서사를 만들어냈습니다. 모두 제 탓이었죠. 식단과 생활습관을 고치고 긁지 않으면 나아질 거란 이야기였어요. 모든 방법을 시도했지만 아니나 다를까 실패했고, 제 자신이 실패한 것처럼 느껴졌습니다. 잠 못 드는 밤과 흉측한 피부가 제 탓이라고요. 하지만 제게 필요한 건 식단 변화가 아니었어요. (제 경우에는) 메토트렉세이트였습니다. 음식이 약이라고 말하는 사람들의 의도는 좋다는 점도 이해하고, 식품을 기존 의학적 치료법과 함께 활용할 수 있다는 사실도 알지만, 꼭 필요한 의학적 치료법을 찾는 사람들에게 해로운 혼란을 일으킬 수도 있다고 생각합니다."

식품에 든 비타민이나 미네랄이 약처럼 작용한다는 생각은 정말 흔하다. 비타민 C를 예로 들어보자. 비타민 C가 충분하지 않으면 자연 출혈, 사지 통증, 잇몸 궤양, 치아 손실을 유발하는 괴혈병으로 이어질 수 있다. 괴혈병 환자가 비타민 C가 든 식품을 섭취하면 이런 증상은 대부분 해결된다. 그렇다면 식품은 약이 아닌가?

영양소가 몸에서 작용하는 방식은 베르트랑 법칙Bertrand's rule으로 정의할 수 있다.[59] (오른쪽 도표 참고)

특정 영양소가 부족하면 괴혈병처럼 일반적으로 매우 분명한 징후와 증상이 나타난다. 비타민이 부족할 때는 특히나 그렇다. 이를 **결핍**이라 한다. 영양소를 충분히 섭취하면 몸에 그 영양소가 넉넉해서 더 섭취해도 이점이 없는 상태인 생물학적 **적정** 범위에 도달한다. 우리 몸에서 필요한 영양소 양은 딱 그 정도다. 더 있어도 몸

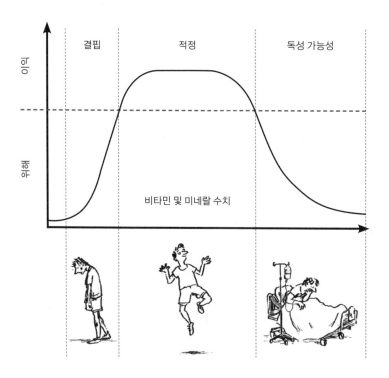

에서 이용하지 못하고 배설된다. 어떤 영양소는 너무 많으면 오히려 해로울 때도 있다.

반면 약은 몸에서 다른 물질이 하지 못하는 작용을 한다. 약은 생물학적 범위를 벗어나 작용해 몸의 생리적 기능을 바꿀 수 있다. 혈압약을 계속 복용하면 의식을 잃을 때까지 혈압이 떨어진다. 우리 몸은 약이 충분하다고 인식해 제거하거나 나중을 위해 저장하지 못한다. 식품 영양소와 약의 차이점이다. 영양소와 약은 **다르므로**, 그 차이를 꼭 염두에 두어야 한다.

그래도 별 차이가 없어 보이는가? 의학의 사전적 정의는 이렇다. "의학은 건강 유지와 질병의 예방·경감 및 치료를 다루는 과학과 기술이다."

우리는 약과 마찬가지로 식품으로 질병을 **예방할 수 있다**는 사실을 안다. 영양소를 충분히 섭취해도 확실히 병에 걸리지 않는다고 보장할 수는 없다는 사실도 안다. 약도 마찬가지다. 하지만 비타민 C가 괴혈병을 치료했다면, 약처럼 작용한 것은 아닌가?

비슷하기는 하다. 하지만 이렇게 잘 요약된 말도 있다. "약을 안 먹어서 병에 걸린 것은 아니다."[60]

비타민 C 섭취가 괴혈병에 효과 있는 것은 애초에 비타민 C 부족이 **문제**였기 때문이다. 고혈압약은 어릴 때부터 미리 복용해 두지 않아서 문제가 돼 먹는 것은 아니다. 섬유질은 많이 먹으면 대장암 위험을 크게 낮출 수 있지만 이미 암이 발생했다면 아무런 이점이 없다. 이런 차이를 이해하지 못하면 많은 문제가 생긴다.

자, 그런데도 자신이 옳다며 별 차이 없다고 생각하는 사람도 있을 것이다. 그렇게 생각한다면, 일관성을 좀 가져보는 것은 어떨까? 음식이 약이라면 운동도 약, 잠도 약, 사회적 관계도 약, 각종 치료법도 약이라고 해야 공평하다. 그리고 이 모두를 식품과 마찬가지로 권장해야 한다. 하지만 똑같은 논리인데도 아무도 이런 말을 하지는 않는다. 단지 흥미롭지 않기 때문이다. 이런 말들을 **파는** 일은, 건강 문제 해결을 약속하며 식이요법을 파는 일보다 어렵기도 하다. 나를 냉소적이라고 해도 좋다. 하지만 가혹한 현실이다.

끝까지 밀고 나가 보자

'음식은 약이다'라고 주장하는 사람들 사이에는 두 진영이 있다. 한쪽은 보통 온건한 편으로, 기름진 생선에 '항염' 작용이 있다는 말을 듣고 기름진 생선이 약이 될 수 있다고 믿는 염증성 질환 환자 같은 경우가 이에 해당한다. 다른 쪽은 상당히 극단적인 편으로, 완벽한 건강을 위해서는 영양만 있으면 된다고 주장하며, 의사들은 거대 제약회사로부터 돈을 받기 때문에(아닙니다) 이런 정보를 숨긴다고 믿는다. 이 책을 읽는 독자 중 이쪽에 속한 분이 있을지 모르겠지만, 만약 그렇대도 괜찮다. 바로 그런 분께 말을 걸고 싶었기 때문이다. 그러니 계속 읽어보시기를 바란다.

나는 두 접근 방식 사이의 경계가 아주 모호해서 한쪽이 다른 쪽으로 옮겨갈 수 있다고 생각한다. 염증성 질환을 겪는 사람이 '항염' 음식을 많이 먹으면 증상이 나아진다는 말을 들으면, 금방 그 주장을 뒷받침할 다른 사람이 연이어 나타난다. 그러면 환자는 이들의 주장을 실행에 옮긴 다음 (다른 여러 가지 이유로) 조금 나아질

것이고, 그다음에는 왜 의사가 이런 이야기를 진작 해주지 않았는지 궁금해하기 시작한다. 이 시점에서 환자는 의학이 지금까지 거짓말을 해왔다는 사람들의 말에 귀 기울이기 시작하고 자신도 모르는 새에 이 말을 다른 사람들에게 그대로 전한다.

건강 전도사의 말에서 도움을 받았다고 느끼면 '의사는 도움이 안 돼'라는 생각이 강화된다. 비록 증상 개선이 일시적이라도 마찬가지다. 다른 그럴듯한 방법이나 유행 다이어트로 당신을 도울 수 있다고 약속하는 또 다른 건강 전도사가 금방 등장하기 때문이다.

사람들이 사는 동안 가능한 한 건강하게 살도록 의사가 도우려 노력해도 죽음을 완전히 막을 수 없다. 이는 이룰 수 없는 목표다.

아직 치료할 수 없고 아마 절대 그럴 수 없을 질병도 있다. 하지만 그렇다고 의학이 실패했다는 말은 아니다. 오히려 이 말은 우리 몸이 영원히 완벽하게 작동하지는 않는다는 현실에 더 가깝다.

날로 비대해져 가는 웰빙 문화에서 나온 대안적인 약속 때문에 사람들은 안타깝게도 점점 더 의사를 신뢰하지 않게 되었다. 습진을 치료하려고 셀러리 주스를 마시기 시작했다고 의사에게 말하면 도리어 타박을 받거나 바보 취급을 당할 수도 있다. 그래서 사람들은 의사에게 자신의 행동을 말하지 않는다.

의사도 약간 책임이 있다

그렇다면 사람들은 왜 의사가 아닌 사람에게 조언을 구할까? 기존 현대의학이 열어둔 틈으로 자연요법*이나 기능의학**처럼 입증되지 않은 관행이 등장했다. 기능의학 의사들은 글루텐과 유제품에 항상 양성 반응이 나오는 사이비 과학 같은 식품 알레르기 검사를 포함한 상담에 수백 파운드를 청구한다. 웃기지도 않은 일이다.

----

*   naturopathy. 약·외과수술 대신 빛·공기·물·열 등 자연환경이나 그 요소를 이용하는 치료요법.-편집자

**   functional medicine. 신체 기능 저하로 생긴 만성·난치성 질환 진료에 있어서, 질환의 증상뿐만 아니라 개개인의 특성(유전, 환경, 생활습관 등)에 따른 근본 원인을 찾아 치료 계획을 세우겠다는 대체의학 의료체계. 임상적 의학 근거가 불충분하다는 비판이 있다.-편집자

현재 의사들이 좋은 치료법을 갖고 있지 못한 질병은 대체로 성별 불균형적이거나 유독 여성에게 영향을 미친다. 보수적으로 봐도 자가면역질환 환자의 약 78%가 여성인데,[61] 건강 전도사들은 바로 이 분야에 비집고 들어와 자신들의 해결책을 판다.

의사들은 이 현실에 책임이 있다는 사실을 받아들여야 한다. 의료 전문가가 여성에게 갖는 편견에는 추악한 역사가 있다. 20세기 초까지도 '여성 히스테리female hysteria'는 흔한 의학적 진단이었다.[62] 불안, 신경과민, 하복부 팽만감, 성적 환상, 마비 상태, 실신 등의 모호한 증상은 모두 '여성 히스테리'로 여겨졌다. 또한 모두 성적 박탈 때문에 자궁이 환자를 숨 막히게 만들기 때문이라고 추정되었다. 전혀 이해할 수 없게도 의사들은 성기 마사지 같은 방법으로 이 증상을 치료하려 하기까지 했다. 불과 백 년 전 이야기다.

오늘날 이런 뻔뻔한 일은 일어나지 않지만, 통증 관리에 성별 간 차이가 있다는 사실을 직시하고 여전히 의사들이 할 일이 많다는 점을 깨달아야 한다. 만성 통증과 관련한 진단을 더 많이 받는 쪽은 여성이지만, 연구 대부분은 남성(과 수컷 쥐)을 대상으로 이뤄진다. 이런 편향 때문에 여성들은 통증이 인정되기까지 응급실에서 더 오래 기다려야 할 뿐만 아니라,[63] 진통제보다는 부적절하게 진정제를 처방받을 확률이 남성보다 높다.[64] 의료계는 여전히 여성의 증상을 심각하게 받아들이지 않지만, 사이비 과학은 그러고 있다. 의료계가 한발 더 나서야 할 때다.

우리가 먹는 건 영양소가 아니라 음식이다

영양소가 든 식품이 아닌 개별 영양소에 초점을 맞추다 보면 '영양 환원주의'라는 함정에 빠지게 된다. 식품 영양소의 역할을 파악하면 그 영양소가 든 식품도 같은 역할을 할 것이라는 가정이다. 그렇게 되면 '생선에는 항염 영양소가 들어 있으니까 생선은 자가면역질환을 치료한다' 같은 생각으로 이어진다. 이런 가정이 유효하지 않은 이유는 여러 가지이지만,[65] 가장 주된 이유는 우리 식단이 그렇게 환원주의적으로 작동하지 않기 때문이다. 우리가 먹는 것은 음식이지 영양소가 아니다. 그렇다고 우리가 가능한 한 많은 영양소를 섭취하는 일을 목표로 삼을 필요가 없다는 뜻은 아니지만 (보통 가공하지 않은 자연식품 섭취를 권장하는 이유다), 환원주의적 접근 방식으로 이런 목표를 조언한다고 건강에 도움이 되지는 않는다.

영양소는 광범위한 식단과 생활습관 속에서 실험실 연구로는 설명할 수 없는 방식으로 상호작용한다. 하지만 영양을 실험실 연구처럼 생각하는 주범은 의사인 경우가 흔하다. 약이 바로 그렇게 작용하기 때문이다. 문제는 지금까지 살펴봤듯 영양소는 약이 아닌데, 영양과 식이요법을 공부한 대다수는 영양소를 약처럼 취급한다는 점이다.

내가 '다낭성 난소 증후군 증상 개선에 효능이 있는 이노시톨 inositol이란 영양소가[66] 유명 에너지 드링크에 들어 있다'며 치료제로 팔아도 나를 믿겠는가? 대부분은 이런 말이 터무니없다고 생각하겠지만, 어떤 생선이 염증성 질환을 치료한다는 말은 거리낌 없이 믿는다. '자연' 치료법처럼 보인다고 '영양 환원주의' 관점을 받아들이지 않도록 주의해야 한다. 그래봤자 영양 헛소리이다.

위험이 없는 것이 우선이다

의사는 위험과 이득 사이에서 매일 선택해야 한다. 모든 의학 행위는 혈액 검사처럼 간단한 일이라도 위험할 수 있다. 이점이 비슷하고 위험은 덜한 방법이 있다면 의사는 항상 그 방법을 택한다. 불필요한 위험을 정당화할 수는 없으므로 옛 방식은 사용하지 않는다. 무슨 이야기를 하려는지 알겠는가?

"음식은 약이다"라는 말은 우리에게 해로울 가능성이 크다. 식품이 건강에 얼마나 중요한지 표현하기 위해 이 말을 사용할 필요는 없다. 사람들이 오해해 약 대신 식품을 사용하는 일이 일어나지 않기를 그저 **바라기만** 해서는 안 된다. 이런 일이 일어나지 않도록 **적극적으로** 애써야 한다.

가장 걱정스러운 사례는 암 치료다. 음식을 약이라고 믿는 사람이 모두 기존 치료법을 무시하고 사이비 암 치료 센터에서 주스 단식을 하는 것은 아니지만, 그런 치료 센터로 가는 사람은 모두 음식은 약이라고 믿는다. 그래서 사람이 죽는다. 우리는 현실을 인정하고 이런 현상을 부추기는 위험을 내버려 둬도 좋은지 결단을 내려야 한다.

의학에는 "사람에게는 객관적으로 나쁜 결정이라도 스스로 내릴 권리가 있다"라는 말이 있다. 의사로서 내가 할 일은 환자 상황에 내 도덕적 원칙을 투사하지 않고 환자의 결정 능력을 판단하는 것이다. 환자가 주스로 암을 치료할 수 있다는 인터넷 건강 전도사의 말을 믿는다면, 의사가 화학요법이라는 선택지를 설명할 때 그 이점과 위험을 제대로 이해할 수 있을까? 말도 안 되는 거짓말을 믿는 환자가 여러 정보를 제대로 심사숙고한 다음에야 기존 치료법을 거부하는 선택을 할 수 있을까? 이에 대한 답이 있는지는 잘 모르겠다.

음식으로 자신의 암을 치료한 증거가 있다는 사람들의 이야기를 들어봤을 것이다. 말 되는 이야기일까? 글쎄, 약간 조심스럽지만 이런 주장을 하는 사람은 애초에 암에 걸린 것이 아니었을 가능성이 있다. 이들은 대부분 갑상선 혹 이야기를 한다. 갑상선 결절의 95% 이상은 암이 아니며 일부는 스스로 사라지기도 해서 '음식으로 암을 치료했다'는 오해를 만드는 완벽한 사례가 된다. 의과대학에 발 들여놓은 적이 없는데도 자칭 의료 비전공 '박사'라며 건강 자문을 하는 가짜 전문가가 늘어나는 현실은 이런 상황에 더욱 불을 지핀다. 그래서 사람들은 실은 조직 검사조차 받지 않았는데도 전문가의 조언을 받았다고 믿게 된다. 정말 위험한 일이다.

다른 예로 심혈관 건강 이야기를 해보자. 몇몇 의사들을 포함해 많은 사람이 스타틴계 약물*을 적으로 몰며 대신 식단 변화를 선호하는 경우가 늘고 있다. 음식이 약이라면 그런 약은 필요 없지 않겠는가? 하지만 현실은 가혹하다. 심혈관 질환의 지표인 LDL 콜레스테롤 수치가 높고 심장 질환 가족력이 있다면, 우리가 아는 모든 식이요법을 따라도 약물 요법과 비교해 LDL을 겨우 약 20% 줄일 수 있을 뿐이다.[67]

음식을 약과 함께 사용할 수 있을까? 100% 그렇다. 가능하면 식이요법을 권장해야 할까? 물론이다! 부작용 때문에 약을 쓸 수 없을 때 식이요법이 중요할까? 그렇다고 말할 수 있다. 식이요법과 약은 동등한가? 절대 그렇지 않다.

환자나 고객, 가족이나 친구에게 "음식은 약이다"라는 말을 하는가? 그렇다면 말하기 전에 다시 생각해 보라. 해를 끼칠 가능성이 있는 말이라면 문제를 제대로 이해하고 말하지 않아야 한다. 음식이 얼마나 중요한지 설명할 훨씬 나은 다른 방법도 많다.

음식은 음식이다.

약은 약이다.

둘을 혼동하지 말자.

----

* statins. 콜레스테롤 생합성을 저해해 이상지질혈증과 고지혈증 치료에 널리 사용되는 약물.−옮긴이

탄수화물은 죄가 없다

"목표를 이루려면 빵이나 탄수화물, 당류쯤은 완전히 끊어야죠."

-비욘세 Beyoncé

식이 제한 다이어트를 한다고 팬들에게 고백하지 **않는** 연예인은 거의 없다. 하지만 비욘세의 말이 특히 눈에 띄는 점은 다큐멘터리 〈비욘세의 홈커밍*Homecoming*〉을 누가 편집했는지 몰라도 비욘세가 그 말을 하며 사과 먹는 장면을 넣었다는 사실 때문이다.

이 상황이 얼마나 우스꽝스러운지 보여주려고 편집자가 일부러 그랬다고 생각하고 싶지만, 안타깝게도 이런 혼동은 너무 흔하다. 정말 탄수화물을 끊는 다이어트를 하려면 식탁에서 과일이란 과일은 전부 치워야 한다. 게다가 탄수화물은 모두 당으로 이뤄져 있으므로 '탄수화물 금지, 당류 금지'라는 말은 '고기 금지, 닭고기 금지'라는 말처럼 불필요하다.

이 장을 다 읽고 당신은 1) 내가 방금 말한 '탄수화물은 모두 당으로 이뤄져 있다'는 사실에 더는 겁먹지 않고, 2) 식단에서 탄수화물을 전부 빼는 행동은 헛수고일 뿐만 아니라 잠재적으로 음식이나 건강과의 관계 모두에 해를 끼칠 수 있다는 사실을 알게 되길 바란다. 바라건대 그런 행동은 절대 하지 마시라.

탄수화물 오명의 오랜 역사

저탄수화물 다이어트의 유행은 빅토리아 왕실 가족의 장례식을 맡았던 영국 중상류층 장의사인 윌리엄 밴팅William Banting이 책을 쓴 1864년으로 거슬러 올라간다. 밴팅은 이비인후과 의사가 처방한 저탄수화물 식단에 따라 살을 뺐다. 요즘 의사들만 자기 분야를 벗어나는 것은 분명 아닌 듯하지 않은가? 살 뺀 사람들이 흔히 그렇듯 밴팅도 새로 발견한 지식을 공유해야 한다고 여기고 대중에게 자신의 다이어트법을 권장하는 소책자를 썼다.[68] 여기에 실린 글을 보면 다이어트 문화와 체중이라는 낙인이 아주아주 오랫동안 끈질기게 살아남았다는 사실을 알 수 있다.

> "인류에게 영향을 미치는 모든 기생충 가운데 비만보다 더 비참한 것은 알지도 못하며 상상할 수도 없다. ··· 공개적인 수군거림과 조롱을 받고, 사람들 앞에서 자주 고통을 느끼며, 아주 강인한 사람도 불행한 성향이 된다."

처음 밴팅의 글을 읽었을 때 그 솔직함에 상당히 충격받았다. 천연두 유행을 세 번이나 겪은 런던에서 살아남았는데도 밴팅은 사람들이 자신을 체구 때문에 낙인찍는 방식에 심각한 영향을 받아 뚱뚱한 몸이 세상에서 가장 비참하다고 여겼다. 150년이 지난 지금도 크게 나아지지 않았다. 그렇지 않은가?

밴팅은 늘 먹던 빵과 버터, 고기, 맥주, 페이스트리, 감자 대신 의사의 추천대로 살코기, 생선, 녹색 채소, 과일, 포도주로 구성된 식단을 먹었다고 설명했다. 감자나 설탕은 절대 금지였다. 그는 식단을 바꾼 지 며칠 만에 기분이 나아지고 잠도 잘 자게 되었다고 말했는데, 솔직히 그다지 놀라운 일은 아니다!

이런 좋은 변화가 야채를 식단에 더해 전에는 심각하게 부족했던 영양소를 공급한 덕택이라는 명백한 사실을 깨닫는 대신, 밴팅은 실망스럽게도 이 모든 이점이 전분과 당을 먹지 않았기 때문이라고 믿었다. 전에는 전분이나 당을 너무 많이 먹었을까? 물론이다. 하지만 **무엇이든** 한 가지 식품군에만 치우친 불균형한 식단은 절대 당신을 나아지게 하지 못한다.

환자를 직접 보지 않고 진단하는 일은 보통 바람직하지 않지만, 이번만큼은 예외로 하고 싶다. 밴팅이 제2형 당뇨병을 진단되지 않은 상태로 겪었으리라는 강력한 증거가 있다고 생각한다. 그는 한동안 시력과 청력이 나빠져 고생했고, 비정상적인 심장 박동을 느끼거나 피부에 종기가 여럿 생겼다고 말했다. 모두 통제가 안 되는 제2형 당뇨병을 대단히 의심할 만한 징후와 증상이다. 식단을 바꾸자 몸 상태가 급격히 개선되었다고 말한 점도 이런 진단에 더욱 무게를 싣는다.

제2형 당뇨병을 앓고 있는 사람이 전분과 당이 많이 든 식단을 섭취하면 혈당 조절이 어려워질 가능성이 있다. 녹색 채소나 과일을 먹어 섬유질 섭취를 늘리고 충분한 수면을 취해 내장지방이 줄어든 결과, 혈당 수치가 훨씬 개선되고 그에 따라 밴팅이 묘사한 증상도 나아졌을 것이다.

밴팅의 사례는 "탄수화물 먹으면 살찐다"라는 말을 증명하는 이야기가 아니다. 기껏해야 생활습관을 바꾸면 제2형 당뇨병을 관리하는 데 어떻게 도움이 되는지 보여주는 아주 초기의 사례일 뿐이다. 아니면 한 가지만 너무 많이 먹으면 좋지 않다는 점을 알려주는 이야기다. 특히 야채도 없이 말이다!

탄수화물을 둘러싼 영양 헛소리를 언급하려면 정확히 탄수화물이 무엇이고 우리 몸이 탄수화물을 어떻게 처리하는지에 대한 약간의 과학적 설명을 먼저 곁들여야겠다.

탄수화물은 당으로 이뤄져 있다

탄수화물, 단백질, 지방은 우리가 먹는 음식의 주된 구성 요소다.

이들을 다량영양소라 부른다. 미량영양소라는 말도 들어봤을 것이다. 미량영양소는 에너지를 내지는 않지만 아주 적은 양이라도 우리 몸이 제 기능을 하는 데 필요한 비타민과 미네랄을 일컫는다.

탄수화물은 음식의 주요 구성 요소이므로 어떤 형태나 종류든 탄수화물이 없는 식사를 하기는 정말 어렵다는 사실을 알아두어야 한다. 탄수화물은 17만 년 넘도록 인간이 먹는 식단의 일부였으며[69] 전 세계 모든 문화에 널리 퍼져 있다. 따라서 탄수화물을 '끊어야 한다'는 논리와 그런 행동이 정말 궁극적으로 건강을 위한 일인지 의심하지 않을 수 없다.

스포일러를 살짝 공개하자면, 그런 주장은 사실이 아니다.

BBC에서는 미심쩍은 영양 관련 프로그램을 자주 방송하지만 〈탄수화물의 진실 The Truth About...Carbs〉은 확실히 선을 넘었다. 나중에 '음식에 숨겨진 설탕의 충격적인 양'이라는 제목을 달고 유튜브에 올라온 한 영상에서는 사람들에게 다양한 탄수화물 음식에 각설탕 몇 개만큼의 당이 들었을지 추측해 보라고 한다.[70]

흰쌀밥 한 공기와 딸기 한 그릇에 든 당의 차이를 추측해 보라고 하자, 한 참가자는 각각 각설탕 다섯 개와 여섯 개만큼의 당이 들었을 것이라고 대답한다. 방송에서는 쌀밥에 '각설탕 스무 개 분량'의 당이 들었다는 사실을 극적으로 밝히고 나서, 곧바로 이렇게 말하는 참가자에게 카메라를 돌린다. "쌀밥은 이제 안 먹을래요."

공포를 퍼트리는 사례를 들며 사람들을 오도하고 대중과 음식의 관계를 엉망으로 만들어도 괜찮을까? 절대 그렇지 않다. 나는 저 탄수화물 광신도들이 소셜미디어에서 퍼트리는 헛소리에 이미 질렸지만, 영국에서 가장 신뢰받는 텔레비전 채널에서조차 그런 이야기를 들으니 정말 화가 났다.

지금 당신은 이 이야기를 읽고 이렇게 물을지도 모른다. "잠깐만요. 이 장 첫 부분에서 '탄수화물은 모두 당으로 이뤄져 있다'면서요. 그런데 왜 이 이야기에 오해의 소지가 있나요?" 이 질문에 대한 답은 앞으로 계속 살피면서 분명해지겠지만, 지금은 체중이 타인을 낙인찍는 데 이용되는 것처럼, 탄수화물에 대한 사실도 공포를 조장하고 사람들을 오도하는 데 이용될 수 있다는 점만 기억하자.

탄수화물의 분류

탄수화물은 당, 전분, 식이섬유로 분류된다. 하나씩 살펴보자.

당

당은 홍차에 넣는 설탕뿐만 아니라 단맛이 나는 단순당*을 총칭하는 일반명이다.

----

*   simple sugar. 당 분자 하나 또는 두 개로 이뤄져 구조가 단순한 당류. 포도당, 과당 등의 단당류와 유당, 엿당 등의 이당류가 있다. 복합 탄수화물인 전분보다 쉽게 체내에 흡수된다.―편집자

당은 모든 탄수화물의 구성 요소다. 당에는 여러 유형이 있는데, 알아둬야 할 두 가지 주요 당은 포도당과 과당이다. 이들은 식물에서 생산되고 성장을 위한 에너지원으로 이용될 뿐만 아니라 과일에 저장되어 우리 같은 다른 생물이 먹고 씨를 퍼트리도록 돕는다.

식물에 없는 유일한 당은 유당이다. 유당은 동물에서 나온다. 사실 당은 무섭지 않다. 사과가 무서운가? 당은 우리가 기능하고 살아갈 수 있게 하는 에너지일 뿐이다.

전분

사람이 주로 지방으로 에너지를 저장하듯 식물은 전분(복합 탄수화물)으로 에너지를 저장한다. 전분은 최대 200만 개의 포도당 단위로 이뤄진 긴 사슬로, 그 자체로는 단맛이 없다.

전분은 모두 식물에서 나온다. 콜리플라워·브로콜리·양배추 같은 십자화과 식물이나, 감자 같은 뿌리채소, 완두콩·렌틸콩 같은 콩류, 쌀·귀리·밀 같은 곡류에는 전분이 들어 있다. 빵이나 파스타처럼 밀가루로 만든 것도 모두 전분이다. 전분은 대부분 먹기 전에 익혀서 긴 포도당 사슬을 분해하고 쉽게 소화되게 만들어야 한다. 생감자는 먹기 어렵지 않은가!

복합 탄수화물 식품에는 많은 미량영양소(비타민과 미네랄)와 섬유질도 들어 있다.

식이섬유

식이섬유는 식물에 있고, 우리가 제대로 소화할 수 없는 나머지 탄수화물을 포괄하는 용어다. 장내 세균이 발효한 일부 식이섬유는 대장 세포를 건강하게 유지시키고 대장암 위험을 줄인다.[71] 나머지는 대변을 형성해 변비를 예방하는 데 도움이 된다.

옥수수는 이런 현상을 잘 설명해 주는 좋은 시각적 사례다. 옥수수 낱알은 주로 섬유질로 된 외피 안에 복합 탄수화물과 단순 탄수화물이 섞인 내층이 들어 있다. 제대로 씹지 않으면 섬유질 때문에 장에서 소화되지 않아 그대로 나오는 것을 볼 수 있다!

우리 대부분은 섬유질을 충분히 섭취하지 않는다.[72] 섬유질은 콜레스테롤을 낮추고 심혈관 질환, 대장암, 제2형 당뇨병이 발생할 위험도 줄인다.[73] 간단히 말한다. 섬유질을 많이 먹으면 건강에 아주 좋다.

보너스: 정제 탄수화물

정제 탄수화물이라는 용어는 정말 많이 사용된다. 정제 탄수화물은 설탕을 나타내기도 하지만, 가공된 탄수화물을 나타내는 데도 사용된다. 흰 밀가루가 그 예다.

흰 밀가루는 주로 전분으로 되어 있으므로 복합 탄수화물이지만, 섬유질을 대부분 제거하는 처리 과정을 거치므로 '정제'라는 말도 붙는다.

탄수화물 소화

탄수화물을 둘러싼 영양 헛소리가 계속 퍼지는 이유 중 하나는 몸에서 탄수화물이 어떻게 소화되고 흡수되는지 우리 대부분이 이해하지 못하기 때문이다. 밥 한 공기가 각설탕 스무 개라는 비유 따위는 전혀 도움이 되지 않는다.

논쟁 여지가 없는 사실부터 시작하자. **단순당인 포도당은 우리 몸이 좋아하는 주요 에너지원이다.** 탄수화물을 먹었을 때 장이 하는 가장 중요한 일은 섭취한 탄수화물을 모두 단순당으로 분해해 혈류로 흡수될 수 있도록 최대한 작게 만드는 것이다. 이렇게 하면 혈중 포도당 수치(혈당 수치)가 올라간다. 섬유질 같은 물질은 이 과정을 느리게 만들기 때문에 혈당 수치를 좀 더 천천히 올린다.

혈당이 급격히 치솟고 떨어지는 '혈당 스파이크spike'는 몸에 좋지 않으므로 되도록 피해야 한다는 말을 들어봤을 것이다. 하지만 첫째, 연구에 따르면 고당분 식사 후에 '스파이크' 문제를 겪는 경우는 건강한 사람의 약 4%뿐이다.[74] 둘째, 당을 먹으면 당뇨병에 걸린다는 근거 없는 믿음(이에 대해서는 이 장의 뒷부분에서 다룰 것이다)이 있지만, 실제로 당이 문제를 일으킨다는 증거는 현재로서는 전혀 없다. 장에서 당 흡수를 늦추면 식후 에너지를 오래 유지하는 데는 좋지만, 그렇지 않더라도 두려워할 필요는 없다.

뇌는 주요 에너지원으로 당을 사용한다. 뇌가 하루 동안 신체 총 공급 에너지양의 평균 20%를 사용한다는 사실을 알고 있는가?[75] 저탄수화물 다이어트를 할 때 흔히 기분이 저하되는 것은 이 때문이다! 이를 알면 우리 몸이 혈중 포도당을 최대한 효율적으로 사용하도록 설계되었다는 점을 이해할 수 있을 것이다.

이 과정을 담당하는 주요 호르몬은 인슐린이다. 식사 후 몸에서 탄수화물을 소화하고 흡수해 혈중 포도당 수치가 상승하면 췌장에서 인슐린이 분비되어 작용한다. 인슐린이 분비되면 세포가 혈액에서 포도당을 가져와 에너지로 사용할 수 있다.

오늘날에는 식사를 하면 식후 혈당 수치가 한 번에 필요한 혈당보다 더 많이 상승하는 경우가 많은데, 인슐린은 이 나머지 혈당을 나중을 위해 관리하는 데도 도움이 된다. 인슐린은 나머지 포도당을 간에서 더 긴 사슬인 글리코겐으로 저장할 뿐만 아니라 체지방으로 전환한다.

즉 식사와 식사 사이 혈당이 너무 낮아져도 포도당 저장고를 이용해 혈액으로 당을 되돌릴 수 있다는 의미다. 두 시간마다 식사하지 않아도 된다. 그렇지 않다면 우리는 먹느라 잠도 못 잘 것이다! 인슐린은 우리 몸에서 매우 중요한 호르몬이다.

최신 건강 전도사들은 저탄수화물 다이어트가 만병통치약이라고 주장하면서, '인슐린'이라는 단어를 말할 때 마치 더러운 냄새를 맡은 것처럼 눈살을 찌푸리며 자신의 주장을 정당화한다. 인슐린은 더러운 단어가 아니다! 인슐린이 지방 저장을 돕는다는 사실

을 두려워할 필요는 없다.

인슐린의 자극과 생산이 얼마나 중요하고 정상적인 작용인지 이해하는 데 조금이나마 도움이 되었는가? 지금은 조금 덜 무서운가? 이제 우리 마음속에서 탄수화물 섭취에 대한 생각이 한 단계 진화했다.

예상보다 조금 더 과학적인 이야기였을지 모르지만, 영양 헛소리를 치워버리는 데는 도움이 되었을 것이다. 약속한다.

그렇다면, 이제 헛소리를 만날 준비가 되었는가?

"탄수화물은 필수적이지는 않다"?

탄수화물을 범인으로 모는 핑계로 이 말을 사용한다면 바보 같은 짓이다. '필수 영양소'는 몸이 스스로 만들 수 없기 때문에 섭취해야 하는 영양소를 뜻한다. 단백질과 지방은 모두 이 기준에 맞는 영양소지만 탄수화물은 그렇지 않기는 하다. 포도당은 단백질과 지방에서 얻을 수 있기 때문이다.

엄밀히 말해서 우리 몸은 탄수화물 없이도 생존할 수 있다고 볼 수 있다. 하지만 그것이 정말 우리의 목표인가? 그저 생존만을 목표로 살고 싶은가? 몸의 기능에 필요한 최소한만으로도 괜찮은가? 너무 환원주의적인 접근법이다. 식품은 단순한 연료 이상이다.

당신이 가장 편안하게 느끼는 음식을 상상해 보라. 아마 부모님께서 주말에 만드신 음식이나 배우자와 함께 만든 음식일 것이다. 어린 시절에 좋아했던 음식을 떠올려보라. 아마 탄수화물, 지방, 단백질로 낱낱이 분해해 기억하지는 못할 것이다. 그런 것은 중요하지 않다.

탄수화물을 좋아하지 않고 탄수화물을 먹지 않아도 솔직히 정말 기분이 좋다면 괜찮다. 나는 어떤 식으로든 식품에 대한 규칙을 만들려는 것이 아니다. 하지만 탄수화물이 '필수적이지는 않기' 때문에 먹지 말아야 한다고 생각한다면, 정말 말도 안 되는 소리라는 점을 알기를 바란다.

"탄수화물이 살찌우는 주범이다"?

아니다, 그렇지 않다.

이 말을 살펴보려면 설탕에 반대하는 여러 권의 책을 출간한 미국 의사 로버트 러스티그Robert Lustig 박사가 2006년 처음 제안한 탄수화물-인슐린 비만 모델[76]을 먼저 살펴봐야 한다. 러스티그는 인슐린이 지방 저장을 촉진하고 지방 대사를 줄이므로, 살찌게 만드는 큰 원인은 탄수화물이고, 따라서 탄수화물을 먹으면 안 된다고 주장한다.

언뜻 논리적인 듯하고 특히 인슐린에 대한 주장은 꽤 과학적으로 들린다. 하지만 조금만 파고들면 다행히도 그런 논리는 무너지기 시작한다.

이 주장이 사실인지 알아볼 가장 좋은 방법은 한 집단에는 저탄수화물 다이어트를, 다른 집단에는 저지방 다이어트를 시키는 체중감량 연구다. 여기서 식이 지방은 인슐린 분비를 자극하지 않지만 단백질은 인슐린 분비를 자극한다는 사실이 중요하다. 따라서 인슐린의 효과를 단독으로 보려면 집단 간 단백질과 칼로리를 같게 유지해야 한다. 탄수화물-인슐린 모델이 맞다면 저탄수화물 다이어트를 한 집단은 저지방 다이어트를 한 집단보다 체지방이 더 빠져야 한다. 처음부터 비밀을 누설하려는 것은 아니지만, 사실 그렇지 않다는 점이 문제다.

2017년 저탄수화물 다이어트와 저지방 다이어트의 체중감량 효과를 비교한 연구 32건을 살펴본 체계적 문헌고찰과 메타 분석(필요하다면 20쪽의 전문용어 커닝 페이퍼를 참고하라) 결과를 보자.[77] 저탄수화물 다이어트는 체지방 감소와 일일 에너지 소비에서 의미 있는 이점을 **전혀** 보여주지 않았다. 잘 통제된 대사 병동 연구에서는 저지방 다이어트를 한 사람이 인슐린 수치가 높았는데도 체중이 오히려 약간 **더** 줄어든 것으로 나타났다.[78]

우리 몸은 여분의 에너지가 **있을 때만** 이를 지방으로 저장하며, 인슐린이 있더라도 이 상태가 아니면 작동하지 않는다. 그렇지 않다면 우리는 제대로 기능하지 못할 것이다! 탄수화물-인슐린 모델이 사실이라면 탄수화물은 다른 어떤 다량영양소보다도 우리를 더 살찌게 만들 것이다. 하지만 다행히도 아주 간단한 실험만 해봐도 이 가설은 사실이 아님을 알 수 있다. 사실 이 주제를 다룬 연구는 그다지 많지 않지만(과식시키는 연구는 제한시키는 연구보다 적다), 관련된 세 가지 연구가 있다.[79-81] 예상대로 **어떤 연구에서도** 탄수화물을 많이 먹는다고 식이 지방을 먹을 때보다 체지방이 더 늘어나지는 않았다.

저명한 연구자인 스테판 귀에네Stephan Guyenet 박사는 비슷한 사실을 간단히 표현했다. "지방에서 얻은 여분의 칼로리는 인슐린에 미치는 영향과 관계없이 탄수화물에서 얻은 여분의 칼로리만큼 효과적으로 지방 조직에 흡수된다."[82]

탄수화물을 많이 먹는 나라는 어떨까

탄수화물이 우리의 체중을 늘리는 주범이라면 탄수화물을 많이 먹는 나라의 국민은 평균 체중이 높아야 한다. 그래야 논리적이지 않은가?

일본을 보자. 일본은 경제협력개발기구(OECD) 국가 중 탄수화물 섭취량이 가장 많은 편이다. 아침 식사를 포함해 거의 끼니마다 흰쌀밥이 식탁에 오르지만 일본의 비만율은 가장 낮다.[83] 일본 농림수산성 공식 식품 가이드는 하루 5~6가지의 야채 요리와 5~7가지의 곡물 요리를 권장하는데,[84] 저탄수화물 전도사라면 **아연실색할** 만한 식단이다.

미국은 어떤가? 1999년에서 2016년 사이 전체 탄수화물 섭취량은 52.5%에서 50.5%로 감소했고, 추가 당 섭취량도 16.4%에서 14.4%로 감소했다. 통곡물 섭취량은 사실 늘었지만 전체 탄수화물 섭취량은 줄었다.[85] 하지만 인슐린 자극이 이처럼 줄었는데도 평균 체중은 계속 늘고 있다.[86]

이제 체중이 느는 원인을 분석하는 일이 단순히 탄수화물 섭취를 살펴보는 일보다 훨씬 복잡하다는 사실이 분명해졌다. 탄수화물의 영향을 부인하지는 않겠다. 하지만 탄수화물 섭취가 줄어드는데도 전 세계적으로 체지방이 늘어난다는 사실을 보면, 탄수화물과 인슐린을 비난하기는 점점 힘들어진다. 결국 탄수화물은 절대 범인이 아니라는 말이다!

나만 이런 주장을 하는 것이 아니다. 2015년 영국 보건부와 식품 기준청은 영양과학자문위원회Scientific Advisory Committee on Nutrition에 의뢰해 탄수화물 섭취와 다양한 건강 수치의 연관성에 대한 최신 증거를 조사했다.[87] 결론은 고탄수화물 식단이 전반적인 체중뿐만 아니라 총 체지방이나 허리 대 엉덩이 비율에도 영향을 미치지 않는다는 사실이었다.

왜 저탄수화물 다이어트가 더 좋아 보일까

개인 경험을 근거로 저탄수화물 다이어트가 최고라고 믿는 사람이 많다. 초기 체중 감소가 더 뚜렷하기 때문이다. 저탄수화물 다이어트를 할 때 몸은 혈당 수치를 유지하기 위해 저장된 글리코겐을 먼저 사용한다. 정상적인 방식으로 혈당을 유지할 만큼 탄수화물을 충분히 먹고 있지 않기 때문이다. 글리코겐은 분자당 3~4개 물 분자가 결합된 형태로 저장되어 있다. 따라서 글리코겐이 다시 포도당으로 전환되면 이 수분이 손실된다. 저탄수화물 다이어트 초기에 체중이 급격히 빠지는 것은 그저 물 무게 때문이다.[88]

탄수화물 때문에 뚱뚱해지는 것이 아니라며 정면으로 맞서면 많은 사람은 전술을 바꿔 사실은 **모든** 탄수화물이 아니라 정제 탄수화물만 말하는 것이라고 주장할 것이다. 이 책을 읽으며 탄수화물의 종류에 따라 체중 증가에 미치는 영향이 다를지 궁금했을 수도 있다. 당연한 질문이니, 이제 당에 대해 구체적으로 함께 살펴보자.

"당을 먹으면 뚱뚱해진다"?

이 말은 인터넷을 뒤적일 때면 결코 피할 수 없을 만큼 널리 퍼져 있다. 그런 만큼 맥락을 좀 더 자세히 살펴봐야 한다.

에너지 균형이라는 면에서 당은 그다지 특별한 점이 없다. 전체 칼로리를 똑같이 유지하면 당을 더 먹어도 당연히 체중은 변하지 않는다. 12가지 연구를 살펴본 체계적 문헌고찰 및 메타 분석에 따르면 식이 당을 모두 지방이나 단백질로 바꿔도 체중에는 **전혀** 차이가 없었다.[89] 하지만 같은 문헌고찰에서는 칼로리를 **통제하지 않은** 10가지 연구를 살펴보고, 당을 많이 먹으면 전반적으로 음식 섭취가 늘고 체중이 느는 상관관계를 발견했다.

왜 이런 현상이 일어날까? 당 섭취가 늘면 전반적으로 더 많이 먹게 되는 세 가지 간단한 이유가 있다.

1. 당은 매우 맛있다(음식을 더 맛있게 만든다).
2. 당은 칼로리 밀도가 높다.
3. 당은 특별히 배부르지는 않다.

이 사실을 조합하면 당 함량이 높은 식단이 과식을 유발하는 이유를 알 수 있다. 당을 아무리 조금 먹어도 '뚱뚱해진다'며 당에 죄를 덮어씌우지 않더라도, 이런 사실을 인정할 수 있다.

당과 가공식품

첨가당을 많이 먹게 되는 이유 중 하나는 가공식품 섭취다. 초가공식품과 비가공식품 식단을 비교한 최근의 임상시험을 살펴보자.[90] 여기서 초가공식품이란 '일련의 공정을 거쳐 제조한 식품으로, 식이 에너지원과 영양소 및 첨가물을 포함한 … 보통 저렴한' 식품이자 '지방, 정제 전분, 첨가당은 많고 단백질은 적은' 식품으로 정의된다.[91] 프라이드 치킨 너깃, 기성품 샌드위치, 소시지, 칩, 냉동 라비올리 등이 여기에 포함된다. 임상시험 참가자들은 배부를 때까지 먹든 그만 먹든 마음대로 먹을 수 있었다. 초가공식품을 섭취한 참가자는 2주간 하루 평균 약 500칼로리를 더 섭취했고, 비가공식품을 섭취한 참가자보다 체중이 늘었다. 두 그룹에 제공한 식단에서 당과 다량영양소 양은 똑같이 맞췄으므로, 이런 결과는 특정 영양소의 차이가 아니라 가공식품의 특성 **자체**가 과식을 유발했다는 사실을 보여준다.

초가공식품을 먹으면 더 먹게 된다. 초가공식품에는 당도 많이 함유되어 있다. 앞서 설명했듯 지방은 많고 단백질은 적다.[92] (정제 탄수화물이 아니라) 지방은 입맛을 당기는 식품의 공통분모라는 사실도 잘 알려져 있다.[93] 그러므로 과식을 유발하는 범인은 사실 지방일 수 있다. 혹은 체중 증가는 한 가지 다량영양소를 탓하기에는 너무 복잡할 수도 있다.

단백질은 가장 포만감(배부른 느낌)을 주는 다량영양소이므로,[94]

단백질은 적고 정제 탄수화물이 많이 든 식품은 포만감을 적게 줄 수 있다. **혹은 체중 증가는 한 가지 다량영양소를 탓하기에는 너무 복잡할 수도 있다.**

무슨 말을 하려는지 알겠는가?

다음 주제로 넘어가기 전에 초가공식품에 죄를 덮어씌우는 것은 여기서도 정답이 아니라는 사실을 깨닫는 것이 무엇보다 중요하다. 자신과 가족의 식사를 준비할 때 초가공식품에 의존하는 사람도 많다. 신선한 음식을 재료 준비부터 시작해 처음부터 끝까지 요리해 먹을 수 있다는 것은 모든 사람이 접근할 수는 없는 엄청난 사회경제적 특권이다(46쪽 참고).

가당 음료는 어떨까

설탕을 먹지 않고 마시면 어떨까? 연구자들 사이에는 이에 대해 논쟁이 꽤 많이 벌어졌는데, 그 이유 중 하나는 특히 가당 음료와 체중 증가의 관계를 살펴본 연구 대부분이 실은 제대로 이뤄지지 않았기 때문이다.[95] **양질의** 논문 두 편조차도 서로 완전히 상반된 결론을 내놓는다. 하나는 가당 음료 섭취를 줄여도 체중에 아무런 변화가 없다고 주장하고,[96] 다른 하나는 가당 음료가 체중 증가를 촉진한다고 확신한다.[97]

다른 연구에 따르면 일반적으로 음료는 음식만큼 포만감을 주지는 않고,[98,99] 특히 단백질이나 지방이 없는 음료가 그렇다고 한다.[100] 일부 연구에서는 식사 중 물 또는 가당 음료를 마신 참가자들의 식사량을 비교했는데, 가당 음료를 마신다고 포만감을 느껴 식사를 줄이지는 않았고 두 실험군의 식사량이 정확히 똑같았다는 점을 발견했다.[101] 이를 통해 설탕이 가미된 음료를 마시면 결과적으로 일반 식사에 에너지를 추가로 섭취하게 된다는 사실을 보여주었다.

그렇다면 '설탕이 가미된 음료를 마셔서 살찐다'고 말할 수 있을까? 그렇지는 않다. 가당 음료 섭취에는 다양한 사회경제적 요인이 작용하기 때문이다. 체중 증가의 원인은 복합적이다(62~63쪽 참고). 나는 의사로서 가당 음료를 과하게 마시지 말라고 조언해야 할까? 그렇다. 하지만 이런 조언을 하는 이유는 첨가당이 체중을 늘려서라기보다, 심장 질환 위험을 늘리고[102] 비싼 치과 치료를 받게 되는 등 건강상 영향을 줄 수 있기 때문이다.

좋은 소식! 우리는 사실 당을 덜 먹는다

우리는 당을 점점 더 많이 먹기 때문에 당연히 살이 찐다는 말을 얼마나 많이 들었는가? 하지만 당신이 어떻게 생각하든 이런 주장은 결코 사실이 아니다.

영국 정부는 1974년부터 가정의 식음료 자료를 수집해 왔다. 요약해서 살펴보자. 설탕, 잼, 비스킷, 케이크 및 페이스트리 섭취량은 감소했고, 이에 따라 지난 20년 동안 총 당 섭취량은 약 17.5%

줄었다.[103-105] 항간에 떠도는 웰빙 이야기와는 상반되지 않는가? 설령 우리가 당을 많이 먹는다고 해도, 당 섭취량은 1970년대 이후 감소해 왔고 이런 현상은 집단 수준에서 체중이 증가한 것과는 상관관계가 없다. 그런데도 이런 주장이 넘쳐나는 까닭에 우리는 진실을 알지 못한다.

당은 **분명** 에너지 밀도가 높고 전체 에너지 섭취를 늘릴 수 있지만, 당이 체중 증가의 원인이라는 말을 뒷받침하는 증거는 없다. 이 말을 강하게 주장하는 사람은 대부분 우리에게 저탄수화물 다이어트 책을 팔려는 장사꾼이다.

"당뇨병 환자는 탄수화물을 먹으면 안 된다"?

당뇨병 환자라면 이 말을 듣고 놀라겠지만 특별히 탄수화물을 끊고 싶은 것이 아니라면 그럴 **필요는 없다.** 어떤 식품에 알레르기가 있는 경우가 아니라면 특정 식이요법을 무차별적으로 따라서는 안 된다. 우리는 음식과 관계를 맺고 있다. 음식은 단순한 연료 이상이다. 음식은 문화, 기억, 축하, 감정, 그리고 선택의 문제다.

당뇨병은 높은 혈당 수치가 특징인 일종의 대사 장애다. 제1형 당뇨병은 췌장이 인슐린을 충분하게 생산하지 못할 때 발생하며, 제2형 당뇨병은 보통 몸이 인슐린에 저항하면서 시작된다.

인슐린이 없으면(제1형 당뇨병) 당을 세포로 운반하지 못해 혈당이 치솟는다. 그 결과 통제할 수 없는 배고픔, 과도한 갈증, 배뇨량 증가라는 세 가지 증상이 발생하며, 치료하지 않고 방치하면 당뇨병성 케톤산증으로 진행될 수 있다. 몸이 사용할 에너지를 찾으려 애쓰면서 대신 지방 세포를 분해하고, 이에 따라 케톤이라는 물질이 통제되지 않고 생성된다. 케톤은 실제로 혈액을 더 산성으로 만들기 때문에 의학적 조치를 취하지 않으면 치명적일 수도 있다. 앞으로 5장에서 케토제닉 다이어트를 자세히 논할 때 이를 좀 더 살펴볼 것이다.

반면 인슐린 저항성(제2형) 당뇨병은 몸이 인슐린에 덜 반응해 혈당 수치가 만성적으로 정상보다 높게 유지되는 상태다. 관리하지 않으면 고혈압, 시력 약화, 발 신경 손상, 피부 감염 같은 합병증으로 이어질 수 있다.

당뇨병 환자가 **아닌** 사람은 뭘 먹든, 활동량이 많든 적든, 혈당 수치가 거의 **항상** 정상 범위 내에 있다. 하지만 당뇨병 환자라면 그렇지 않으므로, 만성질환을 개선할 생활습관을 찾는 편이 더 이로울 것이다. 식품은 그 역할을 일부 할 수 있다.

탄수화물은 다른 다량영양소보다 혈당 수치에 더 큰 영향을 미치기 때문에, 탄수화물을 완전히 끊은 당뇨병 환자는 흔히 혈당을 더 잘 조절할 수 있다. 이런 이야기를 전해 들은 사람들도 똑같이 따라할 수 있지만, 인생의 모든 선택을 할 때는 위험을 제대로 알고 심사숙고해야 한다.

탄수화물을 **완전히** 끊으면 자신와 음식의 관계에 부정적인 영향을 미치는, 엄청난 식단 제한이라는 합병증이 추가된다. 식품을 구매할 때 탄수화물은 '나쁘다'고 여기며 더 스트레스를 받거나 외출할 때 유연성이 부족해질 수도 있다. 이런 행동은 모두 생각보다 훨씬 큰 영향을 미친다.

탄수화물이 부족하면 보통 섬유질 같은 유용한 영양소도 부족해지고 운동할 에너지도 줄어드는데, 섬유질이나 운동은 모두 일반적으로 제2형 당뇨병에서 인슐린 저항성을 **개선**하는 요인이다. 탄수화물 제한이 콜레스테롤을 늘릴 위험이 있다는 문제는 보통 슬쩍 감춰진다.[106] 이에 대해서는 다음 장에서 더 논하겠다.

나는 신입 의사였을 때 의식이 없고 거의 숨도 못 쉬는 제1형 당뇨병 환자를 진료했던 일을 아직도 기억한다. 환자는 실수로 인슐린을 과다 투여해 혈당 수치가 너무 낮아진 채로 응급실에 실려 왔다. 하지만 포도당을 정맥에 주사하고 15분이 지나자 환자는 앉아서 웃으며 비스킷을 먹었다. 당은 당뇨병 환자의 생명을 구할 수 있으며, 탄수화물에 죄를 덮어씌우는 행동은 문제 해결에 전혀 도움이 되지 않는다.

탄수화물을 **완전히** 끊을 필요가 없다면, **적게** 먹으면 어떨까? 당뇨병 환자에게 저탄수화물 식단은 분명 혈당 관리에 도움이 될 수 있다. 그렇지 않다고 말하면 거짓말이다. 하지만 여기서 주목할 점은 그렇게 극단적으로 행동하거나 불필요하게 탄수화물에 죄를 덮어씌우지 않고도 혈당을 조절할 방법이 여럿 있다는 사실이다. 당뇨병을 앓고 있다면 탄수화물을 먹으면서도 탄수화물의 영향을 제대로 살필 수 있다. 혈당에 영향을 덜 미치는 통곡물이나 복합 탄수화물을 선택하면 좋은 시작이 된다.

당신이 당뇨병 환자이고 이 글을 읽고 있다고 해도, 이 책에서는 당신에게 개별적인 식이 조언을 할 수는 없다. 현명하지 않은 일이다. 하지만 영국 국민보건서비스나 다른 당뇨병 관련 기관에서 제안하는 몇 가지 일반적인 조언은 있다. 다음과 같은 지침이다.

- 단백질 및 지방과 함께 탄수화물을 균형 있게 섭취할 것
- 가능한 한 통곡물을 섭취할 것
- 야채 섭취를 늘릴 것
- 섬유질 공급원을 늘릴 것
- 단백질 섭취를 늘릴 것
- 혈당에 큰 영향을 줄 수 있는 정제 탄수화물과 단순당을 줄이도록 노력할 것

이것은 규칙이 아니라 조언이다. 이 조언은 뺄셈이 아니라 **덧셈**을 권한다. 다만 만성질환을 관리할 때는 언제나 그렇듯 당신의 건강 상태와 관련 있는 관계자나 의사와 꼭 상담해야 한다.

"당을 먹으면 제2형 당뇨병에 걸린다"?

그렇지 않다. 제2형 당뇨병 발병 위험을 늘리는 원인에는 복합적인 유전적 요인과 환경적 요인이 있지만, 당은 그 원인이 아니다.

제2형 당뇨병의 특징은 고혈당이기 때문에 당 섭취가 당뇨병의 범인이라고 가정하는 경우가 드물지 않다. 하지만 혈당과 당 섭취는 다른 문제이며, 이 장이 끝날 때쯤에는 그 이유를 더 잘 이해할 수 있을 것이다.

제1형 당뇨병과 제2형 당뇨병을 그냥 '당뇨병'이라고 뭉뚱그리는 사람이 많은데 사실 그러면 안 된다. 제1형 당뇨병은 인슐린을 생산하는 췌장의 베타 세포가 면역 체계 때문에 파괴되어 발생한다. 일반적으로 바이러스 감염 같은 환경적 요인 탓에 유전적 소인이 발현되어 생긴다. 그 결과 인슐린이 거의 또는 전혀 생산되지 않는다. 식품과는 아무런 관련이 없다.

제2형 당뇨병은 일반적으로 몸속 세포가 인슐린에 덜 반응하게 되면서(인슐린 저항성) 시작된다. 동시에 췌장 베타 세포의 기능이 점진적으로 손상되어 결국에는 인슐린 분비 저하로 이어진다. 인슐린 저항성을 유발하고 제2형 당뇨병 위험을 늘리는 요인은 다음과 같다.

- 체지방 분포

- 유전적 소인/당뇨병 가족력

- 인종

- 노화

- 신체 활동 부족

- 섬유질 섭취 부족

- 다낭성 난소 증후군

- 고혈압

- 만성 스트레스

- 수면 부족

이것이 전부는 아니다. 제2형 당뇨병은 유전·환경 요인과 생활 습관 같은 다양한 요인이 복합적으로 작용해 발생하는 질병이다. 당 같은 요인 하나 때문에 제2형 당뇨병이 발생했다는 비난이 잘못이라는 사실은 당장이라도 분명히 알 수 있다.

체지방에 대한 논의

체지방과 제2형 당뇨병의 연관성은 일반인뿐만 아니라 의사들도 오해하기 쉬운 대목이므로 여기서 간단히 설명하고자 한다. 체지방 증가는 인슐린 저항성으로 이어질 가능성이 있지만 그 지방이 신체 **어느 부위**에 있느냐에 따라 크게 다르다. 앞서 설명했듯(59쪽 참고) 지방은 호르몬이나 성장 인자 같은 다양한 물질을 생성하기 때문에 내분비 기관으로 간주된다. 몸 어디에 저장되어 있는지에 따라 지방의 기능과 활성이 달라지므로 체지방 분포는 제2형 당뇨병 발생 위험에도 큰 영향을 준다.

우리가 가진 가장 중요한 증거는 내장지방(장기 주변의 지방)이 인슐린 저항성에 가장 해로운 영향을 미친다는 사실이다.[21] 복부 주변 피하지방(피부 아래 지방)은 그다음이다. 엉덩이나 허벅지 같은 부위의 피하지방은 사실 모든 연령대 성인의 대사 건강을 보호하는 효과도 있다.[22] 인종이 제2형 당뇨병 위험에 영향을 미치는 이유 중 하나도 지방 분포의 차이다.[107]

지방이 저장되는 위치에는 유전적인 요인이 중요하지만 생활습관도 큰 역할을 한다. 운동 부족이나 수면의 질 저하, 식이섬유 부족이나 만성 스트레스는 모두 내장지방 저장과 연관이 있다. 전반적인 체중 증가와 내장지방이 상관관계가 있을 **수도** 있지만, 적당한 측정법은 아니다. 앞서 살펴봤듯이(56쪽 참고) '정상' 체중인 사람의 약 3분의 1은 사실 대사 건강이 좋지 않고 제2형 당뇨병 위험이 크다.[18]

사람들이 "네 건강이 걱정돼서 그래…… 당뇨병 걸리면 어쩌려고?"라고 좋게 말하며 다른 사람을 낙인찍는 일은 너무나 흔하다. 이런 비난은 걱정이라는 탈을 쓰고 체중 낙인의 정당성을 찾는 행동에 불과하며, 여기에는 논쟁의 여지가 없다. 올바르지도 않고 비판해야 하는 행동이다.

이 장은 당에 대한 부분이라는 사실을 잊으면 안 되지만, 껄끄러운 문제를 먼저 짚고 넘어가지 않았다면 뭔가 부족하게 느껴졌을지도 모른다. 그러면 이제 당 이야기로 넘어가자.

당은 분명 당뇨병을 악화시킬까

'당뇨병에 걸리고 싶지 않아서' 어떤 음식을 못 먹는다는 말을 들으면 마음이 아프다. 도넛이나 디저트처럼 설탕이 많이 든 음식을 두고 흔히 하는 말이다. 유감스럽게도 나도 비슷하게 생각한 적이 있다. 의과대학 탓인지 어떤 이유인지 확실하지는 않지만, 이 문제에 대해 비슷하게 생각하는 동료들이 많은 점으로 보아 의과대학에서 잘못 배운 탓인 것 같다.

자칭 '저탄수화물' 추종자인 의사가 흔히 사용하는 주요 논거는 식품 때문에 인슐린이 너무 자극되면 세포가 인슐린에 저항하게 된다는 것이다. 혹자는 이 말에 놀랄 수도 있지만 사실 정말 그렇다는 증거는 없다. **하나도 없다.** 당은 물론 어떤 식품을 먹고 인슐린이 분비되는 현상은 정상이며 그렇다고 인슐린 저항성으로 이어지지는 않는다. 고탄수화물 식단은 사실 정상인의 인슐린 감수성, 즉 인슐린이 잘 작용하는 정도를 **개선**하는 연관관계를 보이기도 했다![108]

한편 또 다른 주장은 특정 **유형**의 당, 특히 과당이 내장지방을 늘려 제2형 당뇨병을 유발한다는 주장이다. 과당은 과일이나 고과당

118

옥수수 시럽에 들어 있으며, 고과당 옥수수 시럽은 미국에서 가당 음료나 가공식품에 흔히 사용된다. 하지만 이 주장에 대한 증거는 당신이 생각하는 만큼 정확하지는 않다. 대부분의 연구가 설치류에서 수행되었기 때문이다(기억하라, 당신은 쥐가 아니다).

과당이 사람에 미치는 영향을 살펴본 연구는 모두 과도한 에너지 섭취와 관련 있다.[109] 여분의 에너지는 내장지방으로 **저장될 수 있지만,** 이는 어떤 식품을 먹든 마찬가지다.[110] 과당에만 한정된 이야기도 아니고, 따라서 과당 자체가 제2형 당뇨병을 유발한다는 주장의 증거도 결코 될 수 없다.

당이 제2형 당뇨병을 유발한다는 충분한 증거가 있을까? 없다. 신뢰받는 조직이나 정부가 이렇게 말하지 않는 이유다. 당을 범인으로 모는 사람들만이 '당이 제2형 당뇨병을 유발한다'고 말한다.

"당은 마약만큼 중독성이 있다"?

사람들이 당을 멀리하도록 설득하기 위해 고안된 또 다른 터무니없는 주장은 당에 중독성이 있다는 말이다. 마치 '중독성 마약'처럼 말이다. 이 주장이 주류에 처음 등장한 것은 (내가 알기로는) 영양에 관한 어처구니없는 영화인 2014년 〈페드 업Fed Up〉이었다(여기에는 다큐멘터리라는 말보다 영화라는 말이 훨씬 어울린다). 예고편에서 약

30초가 지나면 '설탕'과 '코카인'이라는 자막이 달린 거의 똑같은 fMRI 뇌 스캔 이미지 두 개가 화면에 나란히 등장한다. 탄수화물-인슐린 모델을 제안하고 당에 '독성'이 있다고 누명 씌우는 책을 여럿 쓴 로버트 러스티그의 해설이 깔린다. "설탕을 먹으면 뇌는 코카인이나 헤로인을 흡입한 것처럼 반짝인다. 당신은 곧 설탕에 중독된다!"[111] 이상하게도 러스티그는 강아지와 놀 때도 뇌의 똑같은 영역에 불이 켜진다는 사실을 깜빡 잊은 것 같다. 그렇지만 그 사실은 러스티그가 반려동물에 반대하는 책을 팔 때만 쓸모가 있을 것이다.

2017년 제임스 디니콜란토니오James DiNicolantonio가《영국 스포츠의학 저널》에 관련 검토 논문을 실은 후,[112] 중독이라는 생각은 더욱 방송을 탔다. 논문에서 그는 당 중독이 진짜일 뿐만 아니라 질병으로 분류되어야 한다고 주장했다. 왜 이 주장이 잘못인지 파헤쳐 보자.

이 검토 논문의 주장 중 하나는 동물 행동 연구 결과 당이 중독성 있는 물질이라는 사실이 밝혀졌다는 것이다. 완전히 헛소리다. 특정 조건에서는 쥐가 설탕에 중독된 것 같은 행동을 할 수 있다. 오늘날 이 점은 사실로 밝혀졌다.[113] 과연 어떤 조건인지 살펴보자. 첫째, 설탕을 좋아하는 쥐만 실험에 사용한다.[114] 하지만 모든 쥐가 그렇지는 않다. 둘째, 쥐에게 먹이를 주는 일정은 의도적으로 장시간(때로 16시간[115]) 음식을 주지 않는 금식 기간을 갖도록 설정한다.

이런 방법을 사용하면 마침내 먹이가 주어질 때 쥐는 폭식이나 금단 불안이라고 알려진, 중독과 비슷한 행동을 보일 가능성이 크다. 왜 그런 일이 일어나는지도 모른 채 의지와 상관없이 굶게 된다면 우리 모두도 분명 같은 행동을 보일 것이다.

오랜 식이 제한 기간을 두지 않으면 쥐는 이런 중독 비슷한 행동 중 어떤 것도 보이지 않는다는 사실은 중요하다.[114] 설탕이 아니라 제한이 문제라는 뜻이다. 단식 자체가 사람의 폭식이나 대식증의 발생률을 늘릴 수 있다는 연구도 이러한 결과를 뒷받침한다.[116] 진짜 중독에는 심리적 요인과 신체적 요인이 모두 작용한다. 쥐는 사람의 중독에 미치는 이런 요인의 영향을 보여주는 완벽한 모델이 아니다.

폭식 장애가 있는 사람은 달콤한 음식을 선호하는 경우가 많다.[117] 디니콜란토니오가 당 중독에 대한 논거로 사용한 사례다. 당은 다이어트 문화 곳곳에서 욕을 먹고, 다이어트 문화는 폭식 증상 발현은 당이 범인이라는 주장에 심리적 무게를 가한다. 하지만 나는 당이 가졌다고 추정되는 중독성이 문제가 아니라, 체중이 늘지 모른다는 두려움 때문에 그간 당을 제한해 온 것이 문제라고 생각한다. 다이어트 책을 쓴 사람들이 섭식 장애의 복잡성에 대해 아무 생각이 없어 보일 때마다 상당히 걱정된다.

디니콜란토니오의 검토 논문 마지막 요점은 처음에 내가 언급한 선전 영화에서 주장한 것처럼 '설탕과 코카인은 모두 뇌의 동일한 보상 시스템과 상호작용한다'라는 것이다. 당 중독성을 주장하기 위해 사용하는 이런 논리의 가장 큰 문제는 이 보상 시스템과 상호작용하는 것이 많지만(강아지나 포옹 등), 가장 큰 상호작용을 하는 것은 약물 남용이라는 사실을 간과한다는 점이다. 당은 그 정도로 강하게 작용하지 않는다. 당은 신체적 금단 증상을 유발할 **능력이 없을** 뿐만 아니라 심리적 증상도 약하다. 습관성은 중독과 **다르며** 당은 의존성이나 금단 같은 기준에도 맞지 않는다.

런던 킹스칼리지의 영양학 및 식이요법학 명예교수인 토머스 샌더스Thomas Sanders는 다음과 같이 완벽하게 요약한다. "설탕이 마약처럼 중독성 있다는 주장은 **터무니없다.**"[118]

"인공감미료는 해롭다"?

'인공'이라고 이름 붙여진 것을 두려워하는 현상은 정말 흔하다. 우리는 흔히 이해하지 못하는 것을 두려워하기 때문이다.

인공감미료는 단맛이 나는 물질이지만 에너지나 영양은 거의 없다. 식품에 첨가하는 다른 모든 물질과 마찬가지로 인공감미료 역시 엄격한 시험을 거쳐 사람이 섭취해도 안전한지 확인한다. 다행히 인공감미료는 확실히 안전하다.

인공감미료가 얼마나 안전한지 살펴보기 위해, 주요 상업용 감미료인 아스파탐이 문제가 되려면 다이어트 콜라를 얼마나 마셔야 하는지 알려주겠다. 대략 추정해 봐도 하루에 **1900캔을** 마셔야 문제가 생긴다.

영국 식품기준청은 한 번에 섭취해도 되는 식품 첨가물 양을 매우 신중히 결정한다. 일일 섭취 허용량을 독성을 띠기 시작하는 용량의 100분의 1보다도 낮게 설정하는데, 이는 실제로 우리가 섭취하는 양은 미미하다는 뜻이다. 인공감미료는 우리가 사용하는 물질 중 가장 널리 연구된 식품 첨가물이며 **매우** 안전하다.[119]

그렇다면 인공감미료가 문제가 된다는 주장을 잠시 살펴보자.

- **"인공감미료는 장내 미생물 생태계를 손상시킨다."**

이를 뒷받침하는 근거 대부분은 또 설치류 연구다. 인공감미료가 사람의 장내 미생물 구성을 바꿀 수 있다고 주장하는 몇몇 연구 결과가 있지만, 그런 효과가 얼마나 지속되고 실제로 해로운지 판단하기는 어렵다.[120] 특정 인공감미료를 과도하게 섭취하면 헛배가 부르거나 묽은 변이 **생길 수도 있어** 조금은 사실이라고 볼 수도 있다.

- **"인공감미료는 제2형 당뇨병을 유발한다."**

설치류 연구 결과 인공감미료가 장내 미생물 생태계를 교란해 인슐린 저항성을 늘릴 수 있다고 밝혀졌지만 사람에 대해서는 같은 결과가 나타나지 않았다.[121] 뇌가 단맛을 인지하기 때문에 감미료가 인슐린 분비를 유도한다는 주장도 흔하다. 하지만 연구 결과는 이런 주장과 전혀 일치하지 않으며, 인공감미료는 전반적으로 혈당 수치에 어떤 영향도 주지 못했다.[122]

- **"아스파탐은 두통을 유발한다."**
놀라겠지만, 이 역시 사실이 아니다. 아스파탐을 먹으면 두통이 생긴다고 보고한 사람들을 살펴본 수십 년 전 연구 결과에 따르면 위약placebo을 섭취했을 때 두통을 겪을 가능성이 더 컸다.[123]

- **"인공감미료는 암을 유발한다."**
최근 내 친구 한 명은 내가 10대 때 이 말을 믿었다고 말해줬지만, 다행히 이 말은 결코 사실이 아니다. 나중에 이에 대해 더 언급하겠다(247쪽 참고).

인공감미료를 섭취해도 안전하다는 뉴스 기사를 쉽게 발견할 수 있다. 최근에는 인공감미료가 체중을 늘리지 않는다는 사실이 밝혀졌기 때문이다. 계속 같은 말을 되풀이하고 있는 것 같지만, 체중이 곧 건강과 연결되지는 않는다는 사실을 기억해야 한다. 인공감미료가 건강을 위협하지 않는다는 사실과 체중계 숫자와는 전혀 관련이 없다.

탄수화물에 다시 명예를

이제 우리는 건강 전도사들이 탄수화물에 교묘히 죄를 덮어씌우는 행동을 그대로 둬서는 안 된다. 이런 믿음은 우리와 음식의 관계를 해치고 체중이 늘지도 모른다는 공포에 불을 지핀다.

여러분 중 일부에게는 이 장이 특히 어려웠으리라 생각한다. 우리가 '나쁘다'라고 여기고 피해야 한다고 결정한 식품의 목록에서 탄수화물은 맨 앞자리를 차지한다. 탄수화물에 대한 두려움은 너무 커서 식품에 관한 결정을 통제하기도 한다. 얼마 전까지도 내 이상섭식행동을 부추긴 것은 바로 이런 두려움이었다. 식사는 기쁨과 만족감, 편안함을 느끼는 즐거운 경험이 되어야 한다. 그리고 탄수화물은 식사에서 바로 이런 역할을 해야 한다.

이 말에 공감한다면 자신에게 다시 탄수화물을 먹도록 허락하라. 탄수화물은 훌륭하다. 이제 주전자로 물을 끓이고 초콜릿 비스킷 하나를 곁들여 차 한 잔을 들며 식이 지방을 둘러싼 신화를 살펴보자.

4

지방은 몸에 해로울까

우리가 먹는 여러 지방에 대한 잘못된 정보는 영양학자들을 **정말** 화나게 한다. 식이 지방을 가장 잘 알아야 할 의사나 과학자들이 이런 정보를 퍼트리는 경우가 많기 때문이다. "포화지방을 먹으면 건강에 좋다: 의사들, 40년 만에 마음을 바꾸다" 같은 제목의 기사가 보여도 전혀 사실이 아님을 알아두길 바란다. 이 문장은 사실 "저탄수화물 옹호자이자 포화지방 위험 부정론자인 몇몇 사기꾼 의사들이 자기 책을 팔기 위해 마음을 바꾸다"라고 읽어야 한다.

이 장에서는 포화지방을 둘러싼 말도 안 되는 이야기부터 콜레스테롤과 달걀에 대한 오해, 식물성 지방에 죄를 덮어씌우는 새로운 집착 등을 다양하게 살펴볼 것이다. 그 전에 먼저 우리 식단에서 지방이 왜 중요한지 살펴보자.

왜 지방을 먹어야 하는가

탄수화물과 마찬가지로 지방은 우리 식단에서 매우 중요하다. 지방은 비타민 A·D·E·K 같은 지용성 비타민 등 미량영양소를 흡수하는 데 도움이 되며, 세포를 형성하고 호르몬을 만드는 등 여러 기능을 한다. 지방은 에너지로 사용되기도 한다. 이런 현상이 얼마나 일어나는지는 지방을 사용하는 세포에 따라 다르다.

무엇보다 지방은 음식을 놀랄 만큼 맛있게 만든다. 그냥 구운 토스트는 어떤가? 그저 그렇다. 버터로 구운 토스트는 어떤가? 음, 바로 그거다! 이 책에서는 수많은 영양 헛소리를 다루기 위해 식품 속 영양소에 대해 여러 이야기를 하겠지만, 음식은 단순한 영양소 이상이라는 점을 잊지 말아야 한다.

지방과 심장 건강의 과학

우리가 먹는 지방은 장에서 중성지방이라는 작은 화합물로 분해된다. 중성지방은 포화지방산으로 이뤄져 있는지, 불포화지방산으로 이뤄져 있는지에 따라 분류되는데, 각 식품에는 포화지방산과 불포화지방산이 각각 다른 비율로 들어 있다. 콜레스테롤에 대해서도 들어봤을 것이다. 콜레스테롤은 음식에서 얻기도 하지만 대부분은 간에서 생성된다. 이 과정은 앞으로 조금 더 살펴보겠다.

음식 속 지방이 포화지방산과 불포화지방산 중 주로 어떤 것으로 구성되어 있는지 구별하는 가장 좋은 방법은 실온에서 고체인지 액체인지 확인하는 것이다. 버터나 코코넛 오일은 어떤가? 실온에서 고체이므로 대부분 포화지방산이다. 올리브유는 어떤가? 실온에서 액체이므로 대부분 불포화지방산이다. 예외도 있지만 이 규칙은 대체로 잘 들어맞는다.

식이 지방은 장에서 흡수된 다음 혈액을 통해 몸 전체로 운반되어 사용되거나 저장된다. 지방은 물과 잘 섞이지 않으므로 중성지방이나 콜레스테롤은 스스로 혈액에 떠다니지 못한다. 그래서 이들은 지질단백질에 싸여 운반된다. 알아두어야 할 지질단백질의 네 가지 유형은 다음과 같다.

- 암죽미립(chylomicron, 유미입자): 섭취한 중성지방을 장에서 몸 전체로 운반한다.
- VLDL(초저밀도 지질단백질): 간에서 만들어진 중성지방을 운반한다.
- LDL(저밀도 지질단백질): 간에서 콜레스테롤이 필요한 신체 부위로 콜레스테롤을 운반한다.
- HDL(고밀도 지질단백질): 재활용하거나 폐기하기 위해 콜레스테롤을 간으로 다시 운반한다.

1930년대 연구자들은 혈중 총콜레스테롤 수치가 높으면 심혈관 질환으로 이어질 수 있다는 사실을 처음 발견했다.[124] 콜레스테롤이 많으면 동맥벽에 침착되어 죽상경화반atherosclerotic plaque을 형성한다. 더 진행되어 동맥이 좁아지면 죽상경화반은 혈액 흐름을 방해해, 어떤 혈관에서 문제가 되느냐에 따라 심장마비나 뇌졸중을 유발할 수 있다. LDL은 콜레스테롤이 침착될 만한 곳으로 콜레스테롤을 보내고 HDL은 콜레스테롤을 간으로 되돌려 보내기 때문에, 높은 LDL 수치와 낮은 HDL 수치는 점점 심혈관 질환 위험에 최악의 조합으로 드러났다.[125,126]

이 논의에서 가장 많이 언급되는 LDL을 먼저 살펴보겠다. LDL 수치를 낮추는 것이 심혈관 질환 위험을 낮추는 가장 믿을 만한 방법이라는 사실은 잘 알려져 있다.[127] 높은 LDL 수치를 낮추는 데 가장 흔히 사용되는 스타틴계 약물은 심장마비 및 뇌졸중 발생 위험을 줄이는 데 효과가 탁월하다.[128]

HDL을 적극적으로 늘리면 위험을 줄일 수 있겠다고 생각했지만, 그런 효과를 노리고 설계된 약물은 안타깝게도 어떤 이점도 보여주지 못했다.[129] 낮은 HDL 수치는 심혈관 질환 위험에 좋지 않은 요인이지만,[130,131] HDL을 늘린다고 높은 LDL 수치의 부정적 효과를 상쇄할 효과를 내지는 못한다. 따라서 우리는 보통 LDL 수치를 낮추는 데 초점을 맞춘다. 다이어트나 심혈관 질환에 관한 잘못된 정보를 퍼트리는 사람들은 흔히 이런 복잡함을 악용해 혼란을 유발하고 의심의 씨앗을 뿌린다.

LDL을 줄이는 것이 목표라면 어떤 식이요법이 도움이 될까?

- **트랜스지방을 피하자**[132]

트랜스지방은 마가린이나 기타 가공식품 제조 시 식물성 기름에 수소를 첨가해 굳히는 과정이 불완전할 때 생긴다. 트랜스지방을 섭취하면 LDL이 늘어난다는 사실이 밝혀지자, 다행히 서유럽에서는 규제를 개선해 식품 속 트랜스지방을 상당히 줄였다. 실제로 오늘날 슈퍼마켓에서는 더는 트랜스지방이 함유된 스프레드 식품을 찾기 어렵다. 미국을 포함한 전 세계 여러 나라에서는 식품 회사들이 산업적으로 트랜스지방을 생산하는 것을 완전히 금지하기까지 했다.

- **포화지방을 적게 먹자**[133]

포화지방을 많이 섭취하면 LDL이 늘지만,[67] 포화지방 섭취를 줄이면 LDL이 줄고 심혈관 질환 위험도 낮아진다는 연구 결과가 있다.[134] 영국의 식이지침은 포화지방 섭취량을 하루에 남성은 30g, 여성은 20g 미만으로 제한할 것을 권한다.[135] 참고로 대부분의 유제품에 포함된 포화지방은 예외다. 우유, 크림, 치즈, 요구르트는 LDL을 늘리지 않는다.[136] 하지만 버터의 포화지방은 LDL을 늘린다. 이에 대해서는 이 장 후반부에 다시 설명하겠다.

- **식이섬유를 많이 먹자**[137]

식이섬유를 많이 먹으면 LDL 수치와 심혈관 질환 위험이 낮아진다.[138] 영국의 식이지침에서는 성인은 하루에 **최소** 30g의 식이 섬유를 섭취하도록 권장한다.[87]

식이 조절 이외에 운동, 금연, 음주량 감소처럼 LDL을 낮출 수 있는 생활습관도 있다. 식품과 생활습관을 조절하면 콜레스테롤 수치를 개선해 심혈관 질환 위험을 낮출 수는 있지만, 한계가 있다는 사실을 다시 한번 눈여겨봐야 한다. 콜레스테롤 수치가 높아 스타틴계 같은 약물을 복용하고 있다면, 앞서 언급한 중요 사항들을 지킨다고 금방 약을 끊어도 된다고 생각해서는 안 된다. 약물과 생활습관 모두 필요하다. 둘 중 하나만으로는 안 된다. 음식은 약이 아니라고 줄곧 말하지 않았던가?

이제 준비는 끝났다. 포화지방과 콜레스테롤 위험 부정론자들이 틀린 정보를 퍼트리기 위해 끌어들이는 잘못된 과학을 살펴보자. 준비되었는가?

"포화지방은 심혈관 질환 위험을 늘리지 않는다"?

이 장을 마칠 때까지 딱 한 가지만 명확히 말해야 한다면 다음 문장을 선택할 것이다.

"포화지방을 많이 먹으면 분명 심혈관에 좋지 않다."

포화지방 섭취와 심혈관 질환 위험의 관계는 식품과 질병의 관계 중 가장 밀접한 것 중 하나다. 그렇다고 포화지방을 **두려워할** 필요는 없다. 포화지방의 영향을 파악하고 잘 이해하면 된다. 잘못된 정보는 옳은 정보로 대체해야 한다.

지난 70년 동안 이뤄진 다양한 연구를 보면 포화지방을 많이 섭취할수록 LDL이 늘어난다는 사실은 분명하다.[67] 또 LDL이 늘어나면 심혈관 질환이 발생한다는 사실은 의심할 여지가 없다.[139] 이 사실만으로도 충분하지만, 다음과 같이 요약해 보자. 포화지방을 덜 먹으면 실제로 심혈관 질환 위험이 최대 17% 감소한다.[134] 흥미롭게도 포화지방을 줄이는 것만 이로운 것이 아니라 포화지방을 다른 지방으로 대체해도 효과가 있다. 기름진 생선이나 올리브유의 불포화지방이 가장 좋다.[140]

과학계에서는 이런 사실이 널리 받아들여지는데, 사람들은 왜 지방에 대해 잘못된 정보를 퍼트릴까? 좋은 질문이자 아주 중요한 질문이다.

포화지방의 위험을 부정하는 사람들은 어떤 형태나 방식으로든 저탄수화물 고지방 식단을 부추긴다. 우연이 아니다. 포화지방이 문제되지 않는다고 말하면 지방이 정상보다 훨씬 많이 든 식단을 정당화하기가 훨씬 쉬워진다. 요즘은 고지방 식단을 따른다고 꼭 포화지방을 많이 먹게 되는 것은 **아니지만**, 지방을 많이 먹으면 LDL이 꾸준히 늘어난다는 연구 결과[106]를 볼 때 고지방 식단은 말도 안 된다. 전 세계적인 주요 사망 원인 중 하나인 심장병[141]에 일조하는 고지방 식단을 부추기는 일은 중단해야 한다!

포화지방 위험 부정론자 대부분이 자신의 이론을 담은 다이어트 책을 판다는 사실은 놀랍지 않다. 돈이 언제나 의도적으로 무지를 조장한다는 사실은 흥미롭지 않은가? 영국에서 가장 악명 높은 포화지방 위험 부정론자인 아심 말호트라Aseem Malhotra 박사는 그의 책 《피오피 다이어트The Pioppi Diet》에서 탄수화물을 모두 끊고 지방을 많이 먹으면 살을 빼고 제2형 당뇨병에서 회복될 수 있다고 주장하며, 심장 전문의라는 자신의 권위에 기대어 책을 팔았다. 그의 주장을 샅샅이 살펴보자.

피오피는 지중해 식단의 본고장으로 잘 알려진 작은 이탈리아 어촌 마을이다. 지중해 식단은 건강과 기대수명과 관련해 흔히 최적 표준으로 여겨지는 식습관이다.[142] 다이어트 책에서 이런 좋은 식습관을 잘못 이용하기는 어려워 보이지만, 영국영양협회British Dietetic Association의 2018년 연감에는 피오피 다이어트가 피해야 할 최악의 유행 다이어트에 올랐다.[143]

전통적인 지중해 식단에는 대체로 과일, 야채, 견과류, 콩류, 올리브유, 빵, 파스타, 생선, 요구르트, 치즈 및 약간의 고기가 포함된다. 다량영양소로 분류해 보면 지방 약 40%, 단백질 20%, 탄수화물 40%의 구성이다. 탄수화물 양으로 보면 **일반적인** 저탄수화물 식단이라고 보기는 어렵다. 말호트라의 해결책은 어떤가? 그냥 자기 입맛에 맞는 부분만 골라 쓰고 나머지는 무시했다. 그의 책은 피오피 마을의 비밀을 알려준다고 주장하지만 일반적인 피자나 파스타 이야기는 쏙 빼고 콜리플라워를 이용한 저탄수화물 레시피만 담았을 뿐이다. 콜리플라워로 피자를 만든다는 생각에 코웃음 치지 않을 이탈리아 토박이 할머니가 있다면 내 성을 갈겠다. 또 말호트라는 독자들에게 아침마다 커피에 코코넛 오일 한 숟가락을 넣어 마시라고도 권한다. 코코넛이 언제부터 이탈리아 식단의 필수품이었나?

책이 나오기 1년 전 말호트라는 피오피 마을에 대한 '다큐멘터리'를 공동 제작했는데, 여기에도 비슷한 주장이 담겨 있다. 그때만 해도 말호트라는 커피에 코코넛 오일과 버터를 함께 섞으라고 권했다. 여기까지 보면 그저 말도 안 되는 다이어트법에 불과하지만, 그 레시피로 만든 커피 **하나만으로도** 일일 포화지방 권장량을 거뜬히 넘는다. 하지만 말호트라는 걱정하지 말라며 심장 질환 위험을 덮으려고 자신의 책에 "포화지방은 동맥을 막지 않는다"라는, 오해를 살 만하고 위험한 장 제목을 넣었다.

이 말을 믿는 사람들이 **금방** 건강에 나쁜 영향을 받지는 않겠지만, 장기적으로 부인할 수 없는 심혈관 질환 위험을 불러올 말호트라의 발언을 그저 농담으로 치부해서는 안 된다. 이는 체면 차린답시고 손해를 감수하며 믿음을 고집할 일이 아니다.

마지막으로 말호트라나 포화지방의 위험을 부정하는 부정론자

들이 스타틴계 약물(심혈관 질환 위험을 낮추는 데 **매우** 효과적인 약물)에 죄를 덮어씌우기 좋아한다는 문제를 거론해야겠다. 몇 년 전 이 주제를 다룬 언론 보도가 급증하면서 많은 사람이 의학적 조언을 무시하고 스타틴계 약물 복용을 중단했다.[144] 다른 약처럼 스타틴계 약물도 잠재적인 부작용이 있고, 모든 사람이 이 부작용을 견딜 수 있는 것도 아니다. 하지만 연구에 따르면 부작용을 견딜 만한 환자가 스타틴계 약물을 사용하면 LDL과[128] 죽상경화반 양이 줄어[145] 심장마비와 뇌졸중 위험이 크게 낮아진다. 약을 끊을 수 있다면 좋은 일이다. 하지만 잘못된 정보 때문에 함부로 약을 끊으면 매우 위험할 수 있으며, 의사가 잘못된 정보에 일부 책임이 있다면 절대 용납될 수 없다.

그리고 말해두자면 나는 '거대 제약사'로부터 이런 이야기를 쓰라고 돈을 받지 않았다. 건강이 나빠져 약을 먹는 일이 생기지 않는다면 좋겠지만, 필요할 때 이런 약이 있다는 것은 다행이다. 음식이 약이 된다는 이상적인 헛소리 때문에 수십 년 동안 이뤄온 의학 발전을 무시하는 행동은 멈춰야 한다.

"식이 콜레스테롤은 건강에 해롭다"?

콜레스테롤 이야기는 사람들을 현혹하고 혼란을 일으키는 경우가

많으므로, 우리가 알고 있는 사실을 먼저 간단히 살펴보자.

콜레스테롤은 우리 몸에서 중요한 기능을 여럿 담당한다. 콜레스테롤은 세포막의 주요 부분을 형성하고 담즙(섭취한 지방을 적절하게 소화하는 데 필요)으로 전환되며 비타민 D로 분해된다. 우리 몸은 사실 필요한 콜레스테롤을 모두 만들 수 있다. 동물성 식품을 흔히 먹을 수 없던 때부터 이어진 아주 작은 진화적 이점이다. 콜레스테롤 대부분은 간에서 생합성된다.

혈중 총콜레스테롤 수치와 심장병 위험의 관계를 살피는 연구가 진행되면서, 연구자들은 콜레스테롤을 너무 많이 섭취하면 혈중 콜레스테롤 수치가 높아진다는 가설을 세웠다.[146] 이전 연구에서 동물에게 다량의 콜레스테롤을 투여하면 죽상경화반이 형성되었다는 사실을 볼 때 그다지 틀리지 않는 가설이었다.

하지만 지금은 이 가설이 완전히 틀렸다는 사실이 밝혀졌다. 첫째, 식이 콜레스테롤이 실제로 장에서 흡수되는 양에는 수많은 요인이 작용한다. 둘째, 식단을 통해 섭취하는 콜레스테롤양이 늘면 간에서 생합성되는 콜레스테롤양이 줄고[147] 담즙 생산이 늘어,[148] 결국 여분의 콜레스테롤은 배설된다. 인구의 약 3분의 2에서는 이런 메커니즘이 잘 작동하므로, 식이 콜레스테롤은 혈중 총콜레스테롤 수치에 전혀 영향을 미치지 않는다.[149]

인구의 나머지 3분의 1도 콜레스테롤 섭취 증가를 그만큼 잘 보정하지는 못해도 혈중 총콜레스테롤 수치(LDL과 HDL 모두)가 **약간**

높아질 뿐이다. 언뜻 좋은 결과는 아닌 것 같지만, 너무 복잡하게 생각하지 않고 간단히 보면 이런 변화도 심혈관 질환 위험에 그다지 영향을 미치지 **않는다.**[150,151] 포화지방을 많이 먹는 식단**뿐만 아니라** 콜레스테롤을 아주 많이 먹는 식단도 복합적인 위험이 있지만, 사실 위험의 주요인은 포화지방이다. 달걀처럼 콜레스테롤이 많이 든 식품을 먹으면 심장 건강에 오히려 **유익하다**고 알려져 있는데,[152] 이는 콜레스테롤 자체는 걱정할 필요가 없다는 의미다.

하지만 조심히 살펴봐야 할 때도 있다. 인구의 0.5% 정도가 겪는 가족성 고콜레스테롤혈증(LDL 수치가 매우 높은 경우)이라는 유전성 질환이 있으면 HDL의 보호 능력이 줄어든다.[153] 즉 이런 사람은 예방 차원에서 콜레스테롤 섭취를 제한하는 편이 현명할 수 있다. 만약 당신이 그렇다면 의사와 상담해야 한다. 책 한 권이 개인에게 꼭 맞는 의학적 조언을 주지는 못한다.

"유제품은 염증을 유발한다"?

염증이라는 말은 흔히 유행어처럼 사용된다. 좀 무섭게 들리기 때문에 효과적일 때도 있다. 하지만 염증은 정확히 무슨 뜻일까?

부상이나 감염으로 신체 일부가 부어오르고 뜨거워지는 현상은 면역 반응에 꼭 필요하고 도움이 되는 염증이 일어나는 사례다. 우리 몸에서 일어나는 거의 모든 현상과 마찬가지로 염증도 너무 많으면 해롭고 류머티즘성 관절염이나 염증성 장 질환을 일으키기도 한다.

식단이나 운동, 수면 같은 생활습관 요인이 염증 발생 정도에 영향을 줄까? 물론이다. 하지만 그렇다고 개별 요인을 지나치게 비난하는 말을 정당화할 수는 없다. 식품이 염증을 유발하거나 치료한다는 주장의 증거는 본질적으로 매우 환원주의적인 경우가 많다. 식품이나 식이 패턴을 전반적으로 살피는 대신 자신의 입맛에 맞게 특정 영양소에만 집중한다는 의미다. 우리가 이미 살펴봤듯 (85쪽 참고) 식이요법은 단순히 이런 식으로 작용하지는 않는다. 우리는 개별 영양소가 아닌 식품을 먹는다.

유제품에는 포화지방이 들어 있어 유제품이 염증 반응을 촉진한다고 주장하는 사람도 있지만, 사실은 언뜻 보기보다 훨씬 복잡하다. 포화지방이 낮은 정도의 염증을 일으킨다는 연구도 있지만,[154] 이런 연구에서는 보통 포화지방을 어디에서 얻는지는 구분하지 않는다. 유제품 이야기를 할 때 매우 의미 있는 지점인데 말이다.

우유, 크림, 치즈, 요구르트 등의 유제품은 다른 포화지방 공급원과 달리 심혈관 질환 위험이나 LDL에 나쁜 영향을 미치지 **않는다**.[136] 심지어 유익할 수도 있다.[155] 유제품 영양소의 구조가 복합적인 효과를 내어 포화지방이 장에서 제대로 소화되거나 흡수되지 못한다는 이론이 그 이유를 가장 잘 설명해 준다.

하지만 안타깝게도 우유에서 분리한 지방분을 휘저어 만드는 버터는 영양소 구조가 매우 달라 예외다. 버터의 포화지방은 LDL에 부정적인 영향을 미친다. 즉 버터를 토스트에 바르거나 커피에 섞어 넣거나 **둘 중 하나만** 해야지 둘 다 하면 안 된다는 것이다. 나라면 토스트에 바르는 쪽을 택하겠다.

여러분 중 일부는 우리가 앞서 살펴본 사실에도 불구하고 영국과 미국 식이지침에서 왜 여전히 '저지방' 유제품을 권하는지 궁금할 것이다. 여기에는 몇 가지 요인이 작용하는 것 같다. 첫째, 최근에 발표된 여러 증거는 큰 틀에서 보면 아직 너무 새로운 편이므로, 이런 증거를 바탕으로 식이지침을 바꾸려면 상당히 시간이 걸린다. 너무 성급하게 지침을 바꾸면 나중에 되돌려야 할지도 모른다. 그렇게 된다면 대중의 신뢰를 잃을 수 있다. 둘째, 다른 유제품과 버터의 차이를 혼동하지 않도록 대중에게 제대로 전달하기 어려울 수 있다. 셋째, 공중보건 자문가들이 체중 증가에 대해 편협하고 단순한 관점을 지닌 탓에, 지방을 제거하지 않은 유제품을 먹으면 뚱뚱해질 위험이 있다고 생각했을 수 있다. 최근 연구 결과를 보면 정반대인데도 말이다.[156] 절망스럽지만 충분히 예상할 수 있는 이유다.

원래 질문이었던 '유제품이 염증을 유발하는지'로 돌아가 보자. 2017년 체계적 문헌고찰에 따르면 이는 사실이 아니며 우유 알레르기가 없는 한 유제품은 오히려 몸에서 약한 **항염** 작용을 하는 것으로 보인다.[157] 하지만 이런 연구 결과의 임상적 의의는 매우 논쟁의 여지가 있다. 즉 유제품이 곧 염증성 질환을 치료할 수 있다는 말은 아니지만, 유제품이 염증을 촉진하지 않는다는 점은 거의 확실하다.

"달걀은 담배만큼 해롭다"?

2017년 〈몸을 죽이는 자본의 밥상What the Health〉이라는 채식주의 선전 영화가 공개되었다. 이 영화는 영양에 대한 거짓 주장을 잔뜩 담고 있지만, 그중 가장 심각한 주장은 하루에 달걀 하나를 먹으면 하루 다섯 개비 담배를 피우는 것만큼 기대수명을 줄인다는 주장이었다. 정말 우스꽝스러운 주장인데도 이 말은 달걀을 먹지 말아야 할 이유라며 지금도 인터넷에서 인용된다. 이 주장의 근거는 2012년 〈달걀노른자 섭취와 경동맥 죽상경화반〉이라는 제목의 논문에서 나왔다.[158] 자세히 살펴보자.

연구자들은 혈관 질환을 예방하기 위해 내원한 1200명 이상의 환자를 조사했다. 환자에게 매주 달걀노른자를 몇 개나 먹는지를 포함해 생활습관에 대한 설문지를 작성하게 했다. 목에서 가장 큰 동맥 중 하나에 있는 죽상경화반의 크기도 기록했다(경동맥 죽상경화반은 심혈관 질환 위험을 예측하는 인자로 알려져 있다). 연구자들이 내

린 결론은 달걀노른자를 먹으면 죽상경화반이 커지므로 심혈관
질환 위험이 있는 사람은 달걀노른자를 먹지 말아야 한다는 것이
었다.

지금은 이 결론에 실제로 몇 가지 문제가 있다는 사실이 알려졌
지만 시간을 절약하기 위해 가장 큰 두 가지 문제만 집중적으로 살
펴보겠다. 안심하고 달걀을 먹을 수 있을 뿐만 아니라, 통계적으로

거의 무의미한 결과를 주장하기 위해 때로 어떻게 자료가 조작되는지에 대해 더 넓은 통찰력을 갖게 될 것이다.

우선 우리는 포화지방 섭취가 심혈관 질환과 죽상경화반 형성에 큰 영향을 주는 식이 요인이라는 사실을 안다. 식단과 죽상경화반 크기를 조사하는 모든 연구에서는 전반적인 포화지방 섭취량을 측정해야 한다는 의미다. 하지만 이 연구에서는 그저 간단히 포화지방 섭취량을 조사하지 않는 편을 택했다. 이렇게 하면 자료에서 어떤 결론도 끌어내지 못한다.

이 연구의 두 번째 문제는 자료를 분석하는 방식이다. 연구자들은 환자들이 일주일 동안 먹는 달걀노른자 수를 사용하는 대신, '노른자 햇수egg-yolk years'라는 수치를 사용하는 방식으로 바꾸었다. 그들은 환자가 매주 먹는 달걀노른자 수에 달걀을 먹어온 햇수를 곱했다. 언뜻 보기에 괜찮은 접근법 같아 보이지만, 이렇게 생각해 보자. 보통 나는 일주일에 달걀을 다섯 개에서 여섯 개 먹는다. 그 숫자가 항상 일정하지는 않다는 사실을 염두에 두자. 살면서 달걀을 전혀 먹지 않은 적도 있고 아침 식사로 매일 먹은 적도 있다. 이렇게 변동이 있는데 어떻게 '노른자 햇수'를 정확히 산출할 수 있을까? 내가 몇 살 때 처음 달걀을 먹기 시작했는지, 처음 독립해서 스스로 식품을 구매하기 시작했을 때 일주일에 달걀을 몇 개 먹었는지 전혀 기억나지 않는다. 평생 어떤 사람이 먹은 달걀노른자 수를 계산하려 한다면 그야말로 정확하지 않으며, 연구라는 관점에서 이런 부정확성은 결코 용인될 수 없다.

연구자들도 이 사실을 알고 있었을 텐데, 왜 이런 계산법을 선택했을까? 나는 그 답이 나이의 영향에 있다고 생각한다. 나이는 죽상경화반 크기와 직접 관련이 있다. 나이가 들면 생활습관이 아무리 좋아도 죽상경화반 크기와 심혈관 질환 위험이 늘어난다. 즉 포화지방 섭취와 마찬가지로, 나이가 이런 결과를 초래한 것이 아님을 확실히 보이려면 통계에서 나이라는 변수를 고려해야만 한다.

다른 식으로 생각해 보자. 환자에게 하루에 물을 몇 잔 마셨는지 묻고 여기에 나이를 곱하면 '물잔 햇수water-glass years'라는 값을 얻게 된다. 측정법에 나이를 포함하자, 물 마시면 심혈관 질환 위험이 늘어난다는 결론을 얻게 된다. 완전히 말도 안 되는 결론이다.

연구자들은 이 통계법에서 나이를 고려해 이 문제를 해결할 수도 있었겠지만, '노른자 햇수' 측정값을 사용했기 때문에 그럴 수 없었다고 구체적으로 밝혔다. 이런 설명은 1) 매우 편리하지만, 2) 전혀 사실이 아니다. 나는 연구자들이 달걀과 죽상경화반 크기 사이의 연관관계를 얻는 유일한 방법이 이것뿐이었다는 사실에 전 재산을 걸겠다.

이 연구가 보여준 결론은 실은 우리 모두가 이미 알고 있는 사실이었다. 나이가 들수록 동맥경화증이 악화한다는 사실이다. 달걀 노른자 섭취에 대한 해석은 완전히 헛소리다.

달걀은 영양소의 보고이며 균형 잡힌 식단을 손쉽게 구성할 수 있게 해준다. 연구에 따르면 달걀에 포함된 포화지방은 미미해서 일주일에 다섯 번 이상 달걀을 먹어도 심혈관 질환 위험을 늘리지 않는다.[152,159] 이미 논의한 바와 같이 달걀의 콜레스테롤 함량도 격정할 필요가 없다. 게다가 달걀을 먹으면 콜린, 비타민 A, 비타민 B12 같은 영양소의 권장량도 충족할 수 있다.

넷플릭스에 있는 대다수의 건강 다큐멘터리와 마찬가지로 〈몸을 죽이는 자본의 밥상〉은 영양과 식이요법에 대한 정말 끔찍한 정보의 보고다. 반드시 피하는 것이 상책이다.

"식물성 기름은 독이다"?

식물성 기름(종자 기름이라고도 한다)은 식물의 씨에서 얻으며 주로 불포화지방산으로 구성되어 있다. 주방에서 쉽게 만날 수 있는 식물성 기름은 유채씨유(카놀라유), 해바라기씨유, 참기름 등이다. 참고로 올리브유는 엄밀히 말하면 씨앗이 아니라 과일이므로 이 범주에 들지 않는다.

포화지방 위험 부정론자들은 이런 기름에 '독성'이 있다거나 몸에 나쁘다는, 말도 안 되는 말을 자주 한다. 식물성 기름에는 포화지방이 거의 없는데도 심장병을 유발한다고 사람들을 설득할 수 있다면, 심장병은 포화지방 탓이 아니라고 말하기가 훨씬 쉬워진다. 따라서 이런 이야기를 가능한 한 많이 퍼트리는 것이 그들에게 이득이다. 하지만 단일불포화지방산이나 다가불포화지방산이 많이 든 식품이 심장병을 유발한다고 주장하기는 상당히 어렵고 오히려 정반대의 증거가 많아서, 포화지방 위험 부정론자들은 교활하게 주장을 펼쳐야 했다.

식물성 기름의 다가불포화지방산은 오메가-3 및 오메가-6 지방산으로 구성되어 있다. 기름진 생선에도 들어 있는 오메가-3는 뇌 건강과 관련 있고[160] 심장병 발생 위험을 낮출 수도 있다.[161,162] 이런 사실을 부정하는 사람은 드물다. 특히 오메가-3가 풍부한 유채씨유는 LDL을 낮추고 심장 건강을 개선한다는 과학적 증거가 점점 늘고 있다.[163] 올리브유만 유익한 것이 아니다! 반면 오메가-6는 심혈관 질환 위험을 낮추는 것으로 밝혀졌는데도,[164,165] 염증과 질병을 확실히 유발한다는 주장의 새로운 희생양이 되었다.

식물성 기름에 반대하기 위해 이용되는 논거들은 오메가-6가 염증을 유발한다고 추정되는 특성을 언급하며, 식물성 기름에는 오메가-3보다 오메가-6가 위험할 정도로 많다고 주장한다. 이런 주장에는 흔히 조상들은 우리만큼 오메가-6를 많이 섭취하지 않았기 때문에 만성질환에 걸리지 않았다는 잘못된 가정이 덧붙여진다. 만성질환이 문제가 되기에는 조상들의 기대수명이 너무 짧았다는 것이 더 논리적인 이유겠지만, 포화지방 위험 부정론자들은 보통 이런 이성적인 사고를 하지 못한다.

다행히 연구 결과에 따르면 오메가-3 대 오메가-6의 비율은 건강에 아무런 의미가 없다.[166] 식물성 기름은 먹는 편이 좋다.

누군가 만성질환 같은 아주 복잡한 현상이 특정 영양소 탓이라고 주장한다면 신뢰성을 의심해 보는 편이 좋다. 이런 주장을 널리 퍼트리는 사람 중 한 명은 미국 침술사인 크리스 크레서Chris Kresser다. 포화지방 위험 부정론자이자 백신 거부자인 동시에 팔레오Paleo 다이어트(원시 조상들이 먹던 방식을 그대로 따르라는 유행 다이어트) 책을 파는 사람이다. 이제 나는 에둘러 말하지 않고, 오메가-6에 대한 두려움을 팔고 현대 만성질환의 원인이 오메가-6라고 비난하는 것은 그의 책 판매 말고는 어디에도 도움이 되지 않을 것이라고 분명히 말하겠다. 더 깊이 파고들어 보면, 잘못된 믿음을 조장하는 사람들은 그런 주장을 사실로 믿는 사람들에게서 큰 이익을 얻는다는 사실을 흔히 발견하게 된다.

하지만 이런 주장을 하는 사람은 크레서만이 아니다. 구글에서 '오메가-6는 염증을 유발한다'라는 주장을 검색하면 무려 844만 개의 결과가 나온다. 앞서 말한 오메가-3 대 오메가-6 비율이 의미 없더라도 오메가-6에 대해 걱정해야 할까? 하지만 다행히 오메가-6의 염증 발생 효과는 사람에게서 나타난 적이 없다. 쥐의 경우에는 나타났지만 말이다. 다시 말하지만 우리는 쥐가 아니다! 이는 내 말뿐만이 아니다. 한 체계적 문헌고찰에서도 "식단에 (오메가-6를) 추가한다고 염증 지표가 늘어난다는 증거는 사실상 없다"

라고 결론 내렸다.[167]

오메가-6가 문제라는 말에 반대할 증거가 더 필요한 호기심 많은 분들에게 덧붙이자면, 오메가-6가 염증을 일으킨다는 메커니즘은 전혀 타당하지 않다. 오메가-6가 아라키돈산arachidonic acid이라는 지방산으로 전환되어 염증을 촉진하는 분자로 바뀐다는 이론이 있지만, 오메가-6를 섭취해도 아라키돈산의 수치가 변하지 **않는다는** 증거가 있다.[168] 설령 그렇더라도 아라키돈산은 오히려 **항염** 분자를 형성한다.

이제 우리는 콩이나 견과류, 씨앗처럼 오메가-6가 풍부한 식품이 건강에 좋다는 사실을 안다. 안심해도 좋다. 식물성 기름은 본래 전혀 잘못이 없다.

"코코넛 오일은 슈퍼푸드고, 먹어야 할 유일한 기름이다"?

코코넛 오일은 수많은 웰빙 블로거와 유명인의 지지를 받았다. 유명 블로거 딜리셔슬리 엘라Deliciously Ella의 많은 레시피에 코코넛 오일이 등장하고, 보디 코치 조 윅스Joe Wicks가 인스타그램 요리 동영상에서 코코넛 오일을 사용하면서, 영국에서 코코넛 오일 판매량은 2014년 450톤에서 2018년 1만 1600톤으로 급증했다. 코코넛 오일을 너무 많이 섭취하는 유행에 대해 여러 의료 단체가 우려를 보이면서 매출이 감소하기 시작했지만, 코코넛 오일이 건강에 좋다는 주장은 여전히 어디에서나 볼 수 있다.

코코넛 오일은 건강 전도사들이 '슈퍼푸드'로 분류하는 기준에 딱 맞는다. 말도 안 되게 비싸고, 천연식품처럼 보이고, 서양에서 '발견'되기 전까지 다른 문화에서 수십 년 동안 사용되었다. 하지만 구기자goji berry와 달리 지금 서양 문화에서처럼 코코넛 오일을 사용하면 건강에 해가 될 수 있다.

코코넛 오일은 87%가 포화지방이다. 섭취량에 따라 다르지만 많이 먹으면 콜레스테롤이 해로운 수준으로 증가할 수도 있다. 코코넛 오일을 지지하는 사람들은 HDL 콜레스테롤만 증가한다고 주장하지만, 여러 연구를 살펴본 최근 검토 논문을 보면 이런 주장은 사실이 아니다. 코코넛 오일은 LDL을 상당히 늘린다.[169]

사실 당연하다. 코코넛 오일 겨우 두 숟가락에도 포화지방이 24g 들어 있으므로, 이렇게 먹으면 영국 일일 포화지방 권장량인 여성 20g, 남성 30g을 넘는 것은 금방이다.

신중히 판단하고 풍미를 위해 코코넛 오일을 요리에 조금 넣는 것은 괜찮다. 하지만 주된 요리 기름으로 코코넛 오일을 사용하는 것은 분명 좋지 않은 생각이다. 대신 가장 건강한 지방 공급원이라고 널리 받아들여지는 엑스트라 버진 올리브유를 사용하면 실제로 심장 건강을 **개선**할 수 있다.[170] 지중해식 접근법으로 돌아가자. 유채씨유 같은 것도 잊지 말자. 다양성은 언제나 당신의 친구다.

"지방에 대한 식이지침은 틀렸다"?

최근 몇 년 동안 만성질환율과 체중과 관련해 정부의 식이지침을 비난하는 것이 일반적인 현상이 되었다. 특히 저탄수화물 고지방 식단 옹호자들은 정부가 지방에 죄를 덮어씌우고 당 섭취를 장려한다고 주장한다. 게으른 주장일 뿐만 아니라 완전히 말도 안 되는 소리다.

미국에서는 1977년 첫 식이 '목표' 지침이 발표되었는데, 다음 내용을 권장했었다.[171]

- 과일, 야채, 통곡물 섭취를 늘리자.
- 전체 지방 섭취를 총 에너지 섭취량의 40%에서 30%로 줄이자.
- 포화지방 섭취를 총 에너지 섭취량의 10% 미만으로 줄이자.
- 당 섭취를 총 에너지 섭취량의 25%에서 15%로 줄이자.
- 소금 섭취는 하루 약 3g으로 줄이자.

이런 지침을 트집 잡기는 쉽지만, 솔직히 말하자. 과일·야채·통곡물을 많이 먹고 포화지방·설탕·소금을 줄이는 것이 좋다는 데는 논쟁의 여지가 전혀 없다. 1983년 영국 지침도 매우 유사하지만 총 식이섬유 섭취량을 늘리라는 구체적인 지침도 포함되어 있다.[172] 인상적인 점은 이런 조언 대다수가 지금도 여전히 유효하며,

지금 이 지침을 다시 봐도 사실 크게 달라지지 않는다는 점이다.

하지만 실망스럽게도 당시 이 지침의 가장 중요한 메시지는 저지방 열풍을 정당화하는 데 이용되었으며, 자칭 체중감량 전도사들은 이 유행을 부추기는 데 큰 역할을 했다. 1980년대 말까지 무지방 달걀흰자 오믈렛과 저지방 요구르트, 맛이 심심한 양상추 샐러드(저지방 드레싱도 빼먹지 말자)가 각 가정의 식탁에 널리 퍼졌다. 그 후 우리는 먼 길을 왔지만 아직 완전히 벗어나지는 못했다.

건강 문제에 있어 식이지침을 비난하는 지금의 문화는 올바르지 않을뿐더러 진짜 문제에 관심을 쏟지 못하게 만든다. 모든 사람이 지침을 따를 수 있다면 분명 전반적으로 건강이 개선되겠지만, 식이지침을 따르면 혜택을 가장 많이 볼 사람들은 사실 그렇게 할 수 없다.[173] 저렴한 가격에 신선한 과일과 야채를 구매할 수 없고 냉동고도 없는 사람이 영국에만 수백만 명인 상황에서 지침은 무용지물이다. 식품 불평등은 포화지방이나 당 섭취보다 우리 건강에 훨씬 부정적인 영향을 미친다.

건강에 좋은 지방은 피하지 말자

그렇다면 이 장에서 식이 지방에 대해 우리가 알아야 할 점은 무엇일까? 20세기 말의 저지방 열풍은 집어치우고, 이젠 저지방 제품을 무의식적으로 소비하지 말자. 저지방을 표방하는 식품 대부분에는 첨가당이 많이 들어 있다. 저지방 요구르트처럼 사실을 감추느니 케이크나 과자처럼 빤히 보이는 당이 차라리 낫다.

포화지방 섭취에 대해서는 분별력이 필요하지만 그렇다고 건강한* 지방까지 멀리해야 한다는 뜻은 아니다. 심장마비나 뇌졸중 같은 심혈관 질환에는 지방을 줄인 식단이 엑스트라 버진 올리브유를 포함한 식단보다 나쁘다는 증거가 있다.[174] 건강한 지방을 피하지 말아야 할 좋은 이유 아닌가!

올리브유나 유채씨유, 견과류, 씨앗이나 지속 가능한 어류에서 얻는 불포화지방을 더 먹는 데 초점을 맞추자. 심지어 아보카도 토스트도 포함해 볼까? 밀레니얼 세대가 최신 유행 아보카도 토스트에 돈을 쏟아붓느라 집도 못 산다며 빈정대는 농담도 있지만, 이런 고정관념도 포용해 보면 좋지 않을까!

----

* 음식에 '건강한'이란 말을 붙이는 일을 좋아하지는 않는다. '건강하지 않은' 딱지를 음식에 붙이는 현상을 조장할 수 있기 때문이다. 그렇지만 포화지방에 대한 경각심을 불러일으킬 수 있다면 약간 예외를 두려고 한다. 어떤 음식도 그 자체로 건강에 나쁘지 않다는 점을 기억하길 바란다. 양과 맥락이 전부다!

5

케토제닉 다이어트와 간헐적 단식

1960년대, 저탄수화물 앳킨스 다이어트*는 체중감량과 건강의 해법이라고 뻔뻔하게 소개되었다. 하지만 사실이 아니다. 오늘날 앳킨스 다이어트의 친척인 케토제닉 다이어트는 당신이 탄수화물을 적극적으로 제한하지 않아 다이어트 효과를 보지 못했다고 암시한다. 언제나 그렇듯, 당신 탓이다.

'케토 상태가 되다'라는 말은 무슨 뜻일까

케토제닉 식이요법은 미국 의사 러셀 와일더Russell Wilder가 1920년 대에 개발했다. 의학 저널 《당뇨Diabetes》에 실린 부고에 따르면 와일더는 '케토제닉 식이요법의 뇌전증간질 치료 효과'를 입증한 첫 인물로 소개되었다.[175]

 케토제닉 식이요법이 뇌전증 관리에 이용된다는 것은 음식이 약

----

* Atkins diet, 탄수화물을 줄이고 단백질과 지방 섭취를 늘리는 식이요법. 1972년 로버트 앳킨스 박사가 소개했으며, '황제 다이어트'라고도 불린다—옮긴이

이 된다는 말과 가장 가까운 사례일 것이다. 내가 '음식은 약이다' 라는 말과, 그 말의 해로움에 대해 마음을 바꾼 것 아니냐며 놀라 겠지만, 미리 말해두자면 그렇지 않다. 놀라지 마시라.

케토제닉 식단은 엄청난 양의 지방으로 구성된다. 전형적인 케토제닉 식이요법에서는 지방 4g당 단백질이나 탄수화물 1g으로 구성된 4대 1 비율을 사용한다. (지방은 1g당 약 9kcal의 에너지를, 단백질과 탄수화물은 어느 것이든 1g당 약 4kcal의 에너지를 내므로) 이는 끼니마다 에너지의 90%는 지방에서, 나머지 10% 중 약 6%는 단백질에서, 약 4%는 탄수화물에서 얻는다는 의미다. 하지만 모든 사람이 이런 비율의 방식을 따르지는 않는다. 그다음으로 가장 흔한 비율은 3대 1이다. 여전히 87%라는 상당한 양의 에너지를 지방에서 얻는다.

앞선 장에서 언급했듯, 건강과 기대수명에 대한 최적 표준으로 여겨지는 지중해 식단은 에너지가 지방 40%, 단백질 20%, 탄수화물 40%로 구성된다. 차이가 그저 작아 보이는가?

그렇다면 케토제닉 식단에서는 이렇게 지방을 많이 섭취하는 이유는 무엇일까? 주목적은 케톤증ketosis 상태에 도달하는 것이다. 탄수화물을 다룬 3장에서 이미 살펴봤듯 우리 몸을 구성하는 세포의 주요 에너지원은 포도당이다. 굶주려 기진맥진하면 몸은 생존과 기능을 유지하기 위해 다른 방법을 사용한다. 그중 하나가 지방을 에너지로 사용하는 방법이다. 지방은 간에서 케톤체ketone body,

일반적으로 케톤ketone으로 알려진 물질로 전환된다. 몸에서 포도 당 대신 에너지원으로 사용할 수 있는 물질이다.

몸속에서는 지방 대사가 계속 일어나고 있으므로 우리 몸에는 사실 언제나 케톤이 아주 조금은 있다. 에너지 수요가 늘고 포도당 이 충분하지 않으면 케톤 수치는 약간 올라간다. 케톤증 상태가 되 었다고 분류되려면 케톤 수치가 0.5mmol/L(밀리몰/리터) 이상이 어야 하는데, 이는 나중에 더 설명할 것이다.

케토제닉 식이요법의 기본 개념은 탄수화물을 제한해 포도당 공 급이 충분치 않도록 해서, 인위적으로 케톤 생성량을 늘리는 것이 다. 섭취하는 단백질도 상대적으로 적게 유지해야 한다. 그렇지 않 으면 단백질이 포도당으로 전환되어 케톤 생성을 늦출 수 있기 때 문이다.

의학적 관점에서 케톤증 상태는 뇌전증 관리에 도움이 될 수 있 다는 점에서 매력적으로 보인다. 포도당이 없어 뇌가 케톤을 에너 지로 사용하는 상태는 '난치성 뇌전증' 치료에 도움이 된다고 나타 났다. 난치성 뇌전증은 두 가지 이상의 항뇌전증 약물요법으로도 발작을 지속해서 완화하지 못하는 상태이다. 하지만 왜 케톤증 상 태가 난치성 뇌전증에 도움이 되는지는 한 세기 동안 연구했는데 도 아직 밝히지 못했다.[176]

약물 치료가 실패했을 때만 케토제닉 식이요법이 도움이 약간 된다는 사실을 반드시 인정해야 한다. 약물이 듣는 환자에게는 케토제닉 식이요법이 권장되지 않는다는 의미이기 때문이다. 케토제닉 식이요법은 뇌전증을 치료할 수도 없고 효과 있는 약물을 대체할 수도 없다. "음식은 약이다"라는 말이 별 도움이 되지 않는 이유를 다시 한번 상기시키는 사례다. 대체로 어린이에게는 좋은 결과를 보이지만, 케토제닉 식이요법이 난치성 뇌전증에서 발작을 완화하는 성공률은 천차만별이다.[176]

모든 질병 관리와 마찬가지로 뇌전증을 앓고 있고 엄격한 케토제닉 식이요법에 끌린다면 꼭 의사의 감독하에 시작해야 한다. 전체 다량영양소를 극단적으로 제한하는 식이요법은 자신과 음식의 관계 및 정신 건강에 영향을 미칠 뿐만 아니라, 제대로 하지 않으면 영양소 결핍으로 이어질 수도 있다. 이렇게 되면 케토제닉 요법을 계속하기 몹시 어려워진다. 그런 이유로 일부 연구에서는 중도 이탈률이 최대 82%에 이르기도 했다.[177] 여러 음식을 제한하면 뜻하지 않게 에너지 섭취가 감소할 수도 있는데, 이렇게 되면 어린이에게는 영구적인 성장 지연을 초래할 수도 있기 때문에 매우 심각한 문제다.[178] 마지막으로 한 연구에 따르면 케토제닉 식이요법으로 치료한 어린이의 10%는 심각하고 생명을 위협할 수도 있는 합병증을 겪었으며, 이런 합병증은 대부분 식이요법을 시작한 지 한 달 이내에 발생했다.[179]

엄격한 케토제닉 식이요법은 충분히 고려하지 않고 아무 생각 없이 덤벼들 수 있는 것이 아니다. 이 사실만은 분명히 해야 한다.

유행 다이어트가 된 케토제닉

식품과 관련한 거의 모든 이야기와 마찬가지로 케토제닉 식이요법이 체중감량 다이어트법으로 바뀌는 데는 그리 오랜 시간이 걸리지 않았다. 깜짝 놀랐는가? 소셜미디어로 받은 다음 메시지를 허락을 받고 공유해 본다. 이 메시지에는 핵심이 매우 간결하게 요약되어 있다.

"2년 전 살 빼려고 케토 다이어트를 시도한 적이 있습니다(케토 상태에 '도달했다는' 사실을 확인하기 위해 철저하게 소변 검사도 했죠). 이후 흔한 케토 부작용 증상(현기증, 짜증, 피로, 두통)을 모두 겪었지만 저는 계속 밀어붙였어요!!! 바보 같았죠. 지방과 단백질을 그렇게 많이 먹었더니 위장이 완전히 엉망이 되어서 섬유질을 충분히 섭취하려고 열심히 노력했습니다. 케토 상태가 되기 전에는 과일을 정말 좋아했는데, 과일을 모두 끊어야 해서 정말 우울해졌어요. 저는 총 3개월간 케토제닉 다이어트를 하고 끊었습니다. 무기력해지고 위장이 나빠지고 힘과 근력이 떨어지고 계속 두통에 시달렸어요. 케토제닉 다이어트를 하기 전에는 보통 탈수일 때만 이런 증상이 있었는데 말이죠. 살은 빠졌지만 컨디션은 최악이었습니다."

사람들은 몸에서 지방을 에너지로 사용한다는 사실 때문에 케토제닉 다이어트가 체중감량에 효과가 있다고 확신한다. 언뜻 보면 간단해 보이지만, 몸에서 일어나는 다른 현상과 마찬가지로 이는 결코 간단한 문제가 아니다. 왜 그런지는 잠시 후에 설명하겠다. 살 빼기 위한 모든 유행 다이어트와 마찬가지로 케토제닉 다이어트도 결국 시들해졌으면 좋겠지만, 좀 더 오래 갈 것 같은 안 좋은 느낌이 든다. 내가 이 책에서 한 장 전체를 케토제닉에 할애하는 이유다.

소셜미디어에서 케톤증에 대해 언급할 때마다 사람들은 내게 케톤증이 당뇨병성 케톤산증과 같은 것인지 묻는다. 3장에서 이미 언급했듯, 당뇨병성 케톤산증은 당뇨 환자가 인슐린 투여를 잊어 인슐린이 부족해지거나, 감염으로 인슐린이 제대로 작용하지 못할 때 일어나는 위험한 상황이다. 인슐린이 없으면 포도당을 세포로 운반해 에너지를 생성할 수 없으므로, 몸에서는 이를 보충하기 위해 통제할 수 없을 만큼 빠른 속도로 케톤을 생성한다. 이 케톤은 몸이 제어할 수 없는 속도로 혈액을 산성으로 만든다.

식단으로 의도적으로 유발되는 케톤증과 당뇨병성 케톤산증이 다른 이유 중 하나는 케톤 생성 속도다. 인슐린이 없으면 케톤 생성이 매우 빠르게 일어나지만, 포도당이 없을 때 일어나는 케톤 생성 속도는 좀 더 조절할 수 있다. 케토제닉 식단을 따르다 케톤산증에 걸렸다는 사람도 있지만[180,181] 다행히 매우 드문 이유다.

그렇다면 몸이 지방을 에너지로 이용한다고 꼭 체중이 줄지는 않는 이유는 무엇일까? 사람들 대부분이 오해하는 점은 이때 사용되는 지방이 체지방이 아니라 섭취한 **식이 지방**이라는 사실이다. 체중 변화는 언제나 에너지 균형을 따른다. 꼭 필요한 경우가 아니라면 체지방을 줄이라고 몸을 속일 수는 없다. 그럴 수 있다면 생물 종으로서 인간은 벌써 멸종했을 것이다.

지방을 많이 먹고 탄수화물을 급격하게 줄이면 몸은 섭취한 지방을 케톤으로 바꿔 에너지로 사용한다. 음식을 충분히 먹지 않으면 대신 체지방 일부를 에너지로 사용하기도 한다. 하지만 체지방을 쓰는 현상은 케토제닉 다이어트를 할 때만 일어나지는 않는다.

사람들이 오해하는 두 번째 지점은 케토제닉 다이어트를 하면 체중이 정말 빨리 빠지는 것처럼 보인다는 점이다. 이런 현상 때문에 사람들은 케토제닉 다이어트가 아주 효과적이라고 믿게 된다. 앞서 설명했듯 여분의 포도당은 지방으로 저장될 뿐만 아니라 글리코겐으로 전환되어 간과 근육에 저장된다. 탄수화물을 먹지 않으면 몸은 먼저 저장된 글리코겐을 이용해 혈당 수치를 유지한다. 글리코겐은 3~4개 물 분자와 결합한 상태로 저장되므로 글리코겐이 분해되면 결합했던 물이 소변으로 배설된다. 케토제닉 다이어트 초기에 흔히 급격한 체중 감소가 일어나는 것은 주로 물 무게가 빠지기 때문이다.[88]

즉 탄수화물을 다시 먹으면 에너지 균형이 제대로 돌아오지 않더라도 체중이 다시 늘어나는 것처럼 보인다. 몸이 글리코겐 저장량을 다시 보충하려면 물을 끌어와야 하기 때문이다. 체중 변화는 보통 지방과 전혀 상관없이 일어난다는 사실을 떠올리게 하는 좋은 예다.

케토제닉 다이어트를 둘러싼 신화와 일반적인 오해를 살펴보기 전에 한 가지 질문을 하고 싶다. 몸에서 주요 에너지원을 빼앗으면 몸은 케톤이라는 형태로 살아남을 방법을 모색한다. 생존이 정말 당신이 추구하는 목표의 전부인가?

"케토제닉 다이어트는 체중감량에 최고다"?

이 말은 절대 사실이 아니다(다시 말하면 체중감량을 위한 '최고의' 다이어트 같은 것은 없다. 지속 불가능하다는 점은 모두 마찬가지다). 체중이 느는 요인은 매우 다양하며, 식품 선택은 이 거대한 퍼즐의 한 조각일 뿐이다.

어떤 식이요법이 살 빠지는 데 '최고'라고 하고 **싶다면** 다음 몇 가지 기준을 충족해야 한다.

- 다른 다이어트 방법보다 체중을 더 많이 감량해야 한다.
- 다른 다이어트 방법보다 더 계속하기 쉬워야 한다(더 지속 가능해야 한다).

- (최소한) 건강에 도움이 되어야 한다.

사실 케토제닉 다이어트 연구를 평가하기는 몹시 어렵다. 케톤 증 상태가 되려면 탄수화물과 단백질을 최소한으로 섭취해 혈중 케톤 수치가 0.5mmol/L **이상**으로 올라가야 한다. 탄수화물 섭취가 조금이라도 늘면 몸은 포도당을 에너지원으로 사용하고, 그러면 케톤 수치가 다시 떨어진다.

케토제닉 다이어트를 실시한 62가지 연구를 검토한 결과, 그중 25가지(약 40%)만이 실제로 케톤증을 유발하는 다량영양소 비율을 사용했다.[182] 중요하지 않아 보일지 모르지만, 시중에 나온 많은 케토제닉 다이어트의 핵심은 케톤이 가졌으리라 추정되는 이점에 기대고 있다. 케톤의 이점이 없다면 케토제닉 다이어트도 앞서 언급한 여러 저탄수화물 다이어트의 하나일 뿐이다(104쪽 참고).

참가자가 연구 시설에서 머물며 특별히 제공된 식사만 하는 대사 병동 연구에서는 상당히 신뢰할 만큼의 케톤증이 유발되었다. 반면 참가자들이 일상생활을 하는 연구에서는 케톤증이 유발되지 않았다. 이런 연구에서는 참가자 80%가 케톤 수치가 0.5mmol/L를 밑돌았다.[183] 즉 다섯 명 중 한 명만이 식단을 철저히 지켜 케톤 증 상태에 도달했다는 의미다. 사실 어떤 연구에서도 이런 현상을 문제 삼지 않았지만, 나는 이 결과로 케토제닉 식단이 얼마나 지키기 어려운지 알 수 있다고 생각한다.

케토제닉 다이어트는 정말 살이 더 많이 빠질까

연구 결과를 보면 그렇지 않다. 케토제닉 다이어트를 12개월 한 참가자들은 다른 다이어트를 할 때보다 **약간** 더 살이 빠졌지만, 이런 결과는 앞서 설명한 것처럼 주로 수분 손실 때문이다. 더 고품질의 연구(참가자들이 케톤증 상태에 도달했다고 다른 연구보다 더 확신할 수 있는 연구)에서는 케토제닉 다이어트도 체중감량 측면에서 다른 다이어트 방법과 전혀 차이를 보이지 않았다.[184]

케토제닉 다이어트를 지지하는 일부 사람들은 포도당만 안 먹으면 에너지 균형과 상관없이 살이 빠진다고 주장한다. 하지만 이는 사실이 아니다. 에너지 균형에 영향을 미치는 요인은 무수히 많지만 결국 **나가는** 에너지보다 **들어오는** 에너지가 적으면 체중이 **빠**지게 되어 있다. 에너지가 지방에서 오는지, 탄수화물이나 단백질에서 오는지는 관계없다.

참가자들이 고탄수화물 다이어트를 4주간 한 뒤 케토제닉 다이어트를 4주간 실시한 최근 연구 결과를 보면, 케토제닉 다이어트로 살이 빠지는 것도 역시 에너지 균형 때문이라는 사실을 알 수 있다.[185] 참가자들은 두 식단에서 정확히 같은 양의 에너지를 섭취했다. 대사 병동에서는 참가자의 모든 행동을 통제하고 측정했다. 결과는 어땠을까? 연구자들은 체지방 감량에 있어 두 식이요법 사이에 절대적인 차이는 **없다**고 결론 내렸다. 고탄수화물 다이어트나 케토제닉 다이어트는 살 빼는 데 전혀 차이가 없다.

케토제닉 다이어트는 계속하기 쉬운가

케토제닉 다이어트를 오랫동안 유지하기란 정말 어렵다는 점은 많은 이들에게 분명한 사실이다. 지난 10년간 실시된 모든 체중감량 연구의 지속률을 중점적으로 조사한 결과, 자신이 선택한 식단을 계속 유지하는 사람은 평균 약 60% 정도였다.[186] 반면 체중감량이 아닌 난치성 뇌전증 치료를 목적으로 케토제닉 다이어트를 한 사람의 지속률은 약 40%였다.[187] 앞서 언급한 대로, 케톤증 상태에 도달할 정도로 자발적으로 식단을 잘 지키는 사람은 겨우 20%에 불과했다. 이 결과가 실제 수치에 가장 가까워 보인다.

연구는 현실과 다르다는 점을 기억해야 한다. 참가자들은 보통 일주일에 한 번 연구센터에 들어와 신체 측정과 다이어트 상담을 한다. 기록장과 자세한 식품 구성 목록도 받는다. 이런 밀착 지원 없이 친구 말만 듣고 케토제닉 다이어트를 시작하는 평범한 사람을 고려하면, 실제 다이어트 지속률은 20%를 훨씬 밑돌 것이다.

'케토 감기keto flu'라는 말을 들어봤는가? 메스꺼움, 두통, 피로, 설탕 갈망 등은 케토제닉 다이어트 첫 몇 주 동안 나타나는 일반적인 증상이다. 뇌가 포도당이 없는 상태에 대처하기 위해 싸운 결과다. 당연히 식단을 지키기는 매우 어려워진다.

케토제닉 다이어트를 권하는 사람들의 말처럼 케토 다이어트가 다른 다이어트보다 요요를 막아준다는 증거는 하나도 없다. 이런 주장은 완전히 헛소리다.

케토제닉 다이어트는 건강에 좋은가

간단히 대답하자면, 그렇지 않다.

케토제닉 식단에는 야채, 과일, 콩류, 곡류처럼 미량영양소가 풍부한 식품이 너무 많이 빠져 있다. 영양 결핍에 빠질 위험이 매우 큰 식단이다. 최적 케토제닉 식단의 미량영양소 함량을 분석한 연구를 보자. 이 연구에서는 가능한 한 영양이 풍부한 식품을 선택했다.[188] 이런 '이상적인' 조건에서도 비타민과 미네랄 24종 중 19종이 권장 섭취량을 밑돌았다. 그중 11종은 필요한 수준의 50% 미만이었다. 사소한 일이 아니다. 현실에서는 결핍이 훨씬 더 심각할 것이다. 가장 영양가 높은 음식을 선택할 수 있다는 것은 많은 사람이 다다를 수 없는, 아주 특권적인 위치이기 때문이다.

더 큰 문제도 있다. 케토제닉 다이어트는 심혈관 질환 위험을 늘릴 수 있다. 보통 식단에 포화지방이 상당히 많이 포함되는데, 권장 한도의 두 배가 되는 경우도 많다. 연구에 따르면 케토제닉 다이어트를 하면 체중 감소와 관련 없이 6주만 지나도 LDL 콜레스테롤이 늘고 HDL 콜레스테롤이 줄었다.[106,189] 간과할 점이 아니다.

마지막으로 우리는 음식과 관계를 맺고 있다는 사실을 잊으면 안 된다. 심리적 관점에서 특정 식품군이나 다량영양소를 극도로 제한하면 큰 문제가 생긴다. 폭식이나 음식 강박, 불안, 기분 변화 같은 이상섭식행동도 늘어날 위험이 있다.

결론적으로 케토제닉 다이어트는 감량한 체중을 더 잘 유지해

주지는 못한다. 케토제닉 다이어트는 식단을 제한하기 때문에 유지하기 어려우며, 영양 결핍을 초래하고 실제로 심혈관 질환을 유발할 위험이 있다. 체중감량에 최고인 다이어트는 없지만 객관적으로 봐도 케토제닉 다이어트는 그중 가장 나쁜 편에 속한다. 정말 케토제닉 다이어트를 즐긴다면 막지는 않겠다. 다만 케토제닉 다이어트가 가져올 진짜 문제를 축소해서 다른 사람들을 잘못된 길로 이끌지는 말자.

"케토제닉 식이요법은 제2형 당뇨병을 치료할 수 있다"?

이번 장에서 나는 제2형 당뇨병의 '치료cure'보다는 '완화remission'라는 용어를 쓸 것이다. 의료계에서는 주로 이 용어를 쓴다. 제2형 당뇨병은 매우 다양한 요인의 영향을 받기 때문에(115~116쪽 참고) 재발하지 않는다고 보장할 수는 없기 때문이다.

혈당을 낮추는 모든 상황은 제2형 당뇨병 치료에 도움된다. 따라서 식품은 제2형 당뇨병 관리에 일부 역할을 **할 수 있다.** 앞서 살펴본 것처럼(112쪽 참고) 여기에는 탄수화물을 줄이는 것도 포함된다.[190] 케토제닉 식이요법은 이런 방법의 극단적인 예다. 포도당을 먹지 않고 몸에서 대신 억지로 케톤을 에너지로 사용하게 하면 평균 혈당 수치는 낮아진다. 일부 환자들은 당뇨병 치료제를 끊을 수 있겠다고 생각할 수도 있다. 마치 완화에 도달한 것처럼 보인다!

비슷하기는 하다. 문제는 탄수화물을 먹지 않으면 근본적인 문제인 인슐린 저항성이 숨겨진다는 점이다. 그렇다고 문제가 사라지지는 않는다. 탄수화물을 다시 먹으면 금방 혈당 수치가 다시 치솟는다. **이는 완화가 아니다.**

진짜 완화, 그러니까 실제로 췌장 베타 세포의 기능을 되돌리고 인슐린 저항성을 개선한다고 알려져 온 유일한 방법은 체중감량이다.[191] 케토제닉 식이요법으로 살을 뺄 수 있는가? 물론이다. 하지만 앞서 살펴봤듯 체중감량에 있어 케토제닉 식이요법은 다른 유행 다이어트와 크게 다르지 않으며 더 지속 가능하지도 않다.

체중감량 자체가 제2형 당뇨병을 해결하는 보장된 해결책이 아니라는 점에도 주목해야 한다. 체중감량으로 당뇨병 완화에 도달한 최적 표준 실험으로 알려진 '다이렉트 임상시험DiRECT trial'을 살펴보자.[191] 이 실험에서조차 체중을 상당히 감량해도 완화에 이르지 못한 환자가 많았다.

이런 현상은 보통 당뇨병을 진단받은 기간과 관련이 있어서, 참가자가 제2형 당뇨병을 앓은 기간이 길수록 완화에 이르지 못하고 끝나는 경우가 많았다. 참가자들은 12주 동안 수프와 셰이크만 먹으며 과감한 에너지 제한을 시작한 후 다시 고형식을 먹었다. 다른 체중감량 연구와 마찬가지로 철저하게 참가자를 지원하고 관찰했지만, 거의 모든 참가자가 첫 연구 기간 후 체중이 다시 늘기 시작했으며, 체중이 늘면서 완화를 유지하는 참가자는 더 줄었다.

결론적으로 케토제닉 식이요법은 혈당을 더 쉽게 조절하도록 도와 당뇨병 증상을 개선할 수는 있지만 진정한 완화에 도달하는 데는 특별한 이점이 없다. 케토제닉 식이요법으로 제2형 당뇨병을 치료할 수 있다는 주장은 정확하지 않다.

"케토제닉 다이어트에는 단점이 없다"?

최근 몇 년간 케토제닉 다이어트가 숭배 대상이 되면서, 이를 권유하는 사람들은 '모두가 케토제닉 다이어트를 해야 하고, 이 다이어트에는 단점이 없다'고 말한다. 완전히 틀린 말이다.

우리는 이미 케토제닉 다이어트가 가져올 수 있는 건강상 위험을 살펴봤다. 그래서 나는 이 단락을 소셜미디어에서 자신의 경험을 공유해 준 사람들의 이야기로 대신하려고 한다. 케토제닉 다이어트에 대한 끝없는 칭찬은 인터넷에 넘쳐나므로 좀 더 균형 잡힌 시각을 가질 필요가 있다.

> "케토제닉 다이어트에 대해 들은 온갖 말은 모두 좋은 것뿐이었지만, 해보니 정말 화가 났어요! 저는 다낭성 난소 증후군을 앓고 있어서 케토제닉 다이어트에 혹했죠. 완전히 바보같이 느껴졌고

칼로리를 제한하는 단순한 방법보다 살이 더 빠지지도 않았어요. 끔찍한 복통과 설사에 시달렸고 결국 피부가 너무 건조해져서 만지기만 해도 갈라질 것 같았죠. 제가 해본 최악의 '다이어트'였어요. 채식주의자인 제가 먹을 수 있는 건 양배추, 치즈, 달걀밖에 없었기 때문에 계속하기도 너무 어려웠고요."

"약 5년 전 시작해서 케토제닉 다이어트를 8개월~10개월 정도 했습니다. 저는 남에게 민감한 사람이어서 가족에게도 제 모습이 어떻게 보일지 신경 썼기 때문에 살 빼는 데 필사적이었어요. 케토제닉 다이어트를 하면서 체중은 줄었지만 건강이 확실히 나빠졌고, 특히 정신 건강이 정말 피폐해졌습니다. 속으로는 비참했지만 사람들이 살 빠졌다고 계속 칭찬해 주는 바람에 스스로 괜찮은 사람이라고 느껴졌고, 그래서 계속 다이어트를 했죠. 모임에 나가서도 음식과 저 자신을 정말 엄격하게 대했어요. 가족 모임에서도 샐러드와 고기만 먹었죠. 친구들과 외식하러 가도 주문할 수 있는 건 메뉴에도 없는 샐러드뿐이었고 탄수화물이 많이 든 건 다 빼달라고 요청했죠. 모임에서 술을 마실 때도 다이어트 탄산음료를 섞은 증류주만 마셨어요. 결국 이런 것들 때문에 모임이 두려워졌습니다. 게다가 엄청난 폭식이 이어졌어요. 금지했던 음식들을 방에서 혼자 몰래 먹었죠. 메스꺼움을 느낄 정도로 초콜릿, 칩, 빵을 잔뜩 먹었습니다. 배불러도 계속 먹었어요. 괴물이 된 기분이었죠. 다음 날이면 먹는 것을 더 엄격하게 제한하는 악순환이 반복되었습니다. 그게 5년 전 일이고 지금도 저는 여전히 이런 습관과 행동을 버리고 잊으려 노력하고 있어요. 아직도 스스로 음식에 대해 더 관대해져야 한다는 생각을 매일 해야 합니다. 당시 저는 동료들에게 제 모습이 어떠냐고 물었고 동료들은 대체 어떻게 한 거냐고 물었죠. 케토제닉 다이어트를 했다고 답했지만, 이제 다시는 케토제닉 다이어트를 하지 않을 것이고 '절대' 다른 사람에게 권하지 않을 것이라고 맹세합니다."

"제가 살을 뺄 유일한 방법은 케토제닉 다이어트라고 주치의가 그러더군요. 증상은 미미하지만 다낭성 난소 증후군을 겪고 있어서 살을 빼야 한다고요. 6주 동안 케토제닉 다이어트를 했는데 그동안 네 번이나 기절했어요. 편두통과 몸살을 느꼈고 항상 어지러웠고 심장이 두근거렸는데 이건 일부에 불과해요. 의사에게 말했지만 대답은 '그래도 살은 빠졌잖아요?'였어요. 하지만 빠진 것보다 더 쪘다고 하는 게 맞겠네요. 지금은 다이어트에 '실패해서' 의사에게는 전혀 도움을 못 받고 있어요."

"남편과 저는 열흘 정도 케토제닉 다이어트를 시도했는데, 내내 상태가 안 좋았어요. 운동할 때마다 메스꺼웠고, 탄수화물을 빼고 음식을 준비하는 데 너무 시간이 많이 들어 스트레스를 받았습니다. 살이 조금 빠지기는 했지만 그만한 가치는 없었어요. 칼로리를 계산하고 라벨을 읽다 보니 음식 먹는 데 더 스트레스를 받았고, 좋아하는 재료는 다 빼야 해서 요리도 재미가 없었죠. 어느 날 저녁 먹고 남편과 산책하러 다녀오는데 속이 너무 울렁거렸어요. 몇 시간 동안 네 번 구토하고 나자 우리가 이제껏 먹었던 기름진 음식 때문이라는 생각이 들었죠. 그 후 케토제닉 다이어트를 완전히 끝냈고 며칠 만에 정상 식단으로 돌아갔습니다. 어떤 사람들은 케토제닉 다이어트를 신봉하겠지만 우리는 계속할 수 없었습니다. 정신적으로 그리고 육체적으로 상태가 안 좋았던 경험이 우리에게 큰 전환점이 되었죠."

"저는 마라톤 선수입니다. 약 4년 전 초超저탄수화물 다이어트를 선택했습니다(운동 때문에 글리코겐이 고갈되어 케톤증 상태였죠). 위장장애를 겪고 있었기 때문에, 장거리 달리기를 하는 동안 음식을 섭취할 필요가 없다는 말과 '지방을 연소하는 몸'이라는 과장된 광고에 끌렸습니다. 긴 이야기를 간단히 줄이자면 무월경·골다공증과 일곱 군데의 피로골절에 걸리고, 음식과의 관계는 끔찍해졌으며, 심각한 심리적·생리적 문제를 얻었습니다. 국가대표 선수로 뛰었었는데, 부상을 입고 완전히 의기소침해졌죠. 에너지가 부족하고 탄수화물 가용성도 낮은 것이 직접적인 이유였어요. 경기가 끝난 뒤 아침에 일어났을 때 제 몸이 근육을 분해하면

서 암모니아 냄새가 풀풀 나는 땀을 흘렸던 것을 생생하게 기억
합니다. 일어날 결과도 모른 채 이런 다이어트를 밀어붙이는 사
람들에게 저는 정말 화가 납니다."

이 메세지들은 일부에 불과하다. 케토제닉 다이어트를 정말 즐
기는 사람들이 있는가? 분명 있다. 문제가 걷잡을 수 없이 커져 역
효과가 나는데도 정말 즐기고 있다고 생각하는 사람들은? 내가 받
은 많은 메시지는 모두 이 질문에 '그렇다'라는 답을 준다.

내가 본 가장 큰 위험 신호 중 하나는 앞서 언급한 '케토 감기'다. 정상적인 상황에서 메스꺼움이나 두통, 피로를 겪는다면 아마도 상황을 바꿔야 한다는 신호일 것이다. 하지만 케토제닉 다이어트를 할 때 이런 증상을 겪으면 보통 견디고 익숙해지라는 답을 듣는다. 논리적이지 않다. 몸이 무언가를 중단하라고 할 때는 그 말을 듣는 편이 가장 좋다.

"케토 상태가 되면 질 냄새가 바뀐다"?

케토제닉 다이어트를 하면 정말 질 냄새가 달라질까? 이것은 질에서 어떤 냄새가 나는지에 집착하는 우리 사회의 또 다른 단면일 가능성이 크다. 흔히 '케토 가랑이keto crotch'라고 하는 것인데, 케토제닉 다이어트를 하면 질 냄새가 바뀌고 자극이 생긴다는 뜻이다. 사람들은 케톤 때문에 그 부위가 더 산성화되어 뜻하지 않게 세균 증식이 일어나 이런 증상이 일어난다는 가설을 세웠다.

문제는 이 글을 쓰는 시점에서 이 주장을 뒷받침할 연구 결과를 하나도 찾지 못했다는 점이다. 질 분비물 대부분은 자궁경부선에서 생성되는 점액으로 약 pH 4.5의 산성이다. 질벽을 통해 혈관에서 직접 아주 약간의 액체가 분비될 수 있으므로, 이론적으로 케톤은 그 경로로 분비될 수도 있다. 하지만 논리는 여기서 막힌다.

케토제닉 다이어트를 하는 사람의 질 분비물이 더 산성이 된다는 증거가 없을뿐더러, 질 세균의 과다증식(세균성 질염)은 사실 질이 더 **알칼리성**이 된 것과 관련 있다.[192]

질 분비물이 아니라면 땀과 관련 있을까? 케토 상태가 되면 땀 냄새가 불쾌하게 바뀐다고 주장하는 다양한 블로그와 뉴스 기사가 흔하지만 이를 뒷받침하는 실제 증거는 없다.

케톤이 에너지로 분해되고 남은 화합물은 몸에서 배출된다. 이 중 일부는 호흡을 통해 나오고(네일 리무버나 페어 드롭pear drop 사탕 같은 입 냄새를 냄) 나머지는 소변으로 배설된다. 땀으로도 나올까? 별로 나오지 않는다.

케토제닉 다이어트를 해서 질 냄새가 달라졌다고 믿는 사람들이 있을까? 분명 있다. 사실 입 냄새가 달라졌다는데 착각하는 것은 아닐까? 그럴 수도 있다. 진짜 원인이 무엇이든, 다이어트가 냄새 변화의 원인이면 안 된다. 질에서 평소와 다른 냄새가 난다면, 가장 안전한 방법은 의사의 진단을 받는 것이다.

"케토제닉 식이요법은 정신 질환을 치료한다"?

이 헛소리 때문에 미칠 지경이다.

첫째, 정신 건강에는 매우 여러 요인이 작용한다. 영양 결핍이 **직**

접 정신 질환을 유발하지 않는 한, 음식으로 정신 질환을 치료할 수는 없다. 둘째, 대체 왜 케토제닉 식이요법이 정신 질환을 치료하는가? 정신 질환은 뇌가 갑자기 포도당을 원치 않는다고 멈추지 않는다. 케톤은 뇌가 원해서가 아니라 그래야만 할 때 **어쩔 수 없이** 의지하는 것임을 기억하자.

케토제닉 식이요법이 난치성 뇌전증에 잠재적으로 효과 있으니 뇌와 관련된 어떤 상태에도 분명 좋다고 주장하는 사람들이 있지만, 역시 제대로 된 주장은 아니다. 케톤증 상태가 때로 뇌전증에 도움이 되는 이유도 정확하지 않을 뿐만 아니라, 정신 건강을 중점적으로 살펴보는 어떤 연구도 이런 주장에 동의하지 않는다.

게다가 몇 년 전 체계적 문헌고찰 결과는 그간 알려진 고무적인 효과와는 정반대였다.[193] 우선 연구의 절반은 동물 실험이었고, 사람을 대상으로 한 몇몇 개별 사례 연구와 소규모 임상시험은 엇갈린 결과를 보였다. 연구자들은 케토제닉 식이요법이 "정신 질환 치료에 사용해도 좋다는 증거는 불충분하며 권장되는 치료법은 아니다"라고 매우 조심스럽게 요약했다.

결론적으로 케톤증이 정신 질환을 치료할 수 있다는 증거는 없다. 이런 주장이 나올 때마다 즉시 이의를 제기해야 한다. 음식을 제한하는 식이요법은 우리와 음식의 관계 및 정신 건강을 오히려 **악화**시킬 수 있다. 게다가 정신적 문제를 겪는 사람들이 그저 '제대로 먹지 않아서'라고 암시하는 말은 결코 용인되어서는 안 된다.

"케톤 음료를 마시면 살이 빠진다"?

매주 케톤 보충제를 판매하는 새로운 인터넷 광고가 나온다. 이 광고들은 흔히 음료나 농축액 형태의 보충제를 마시면 손쉽게 몸을 케톤증 상태로 만들고 지방을 태울 수 있다고 홍보한다.

하지만 다 헛소리다.

액상 케톤을 마시면 몸에서 이들을 흡수해 일시적으로 혈중 케톤이 상승한다.[194] 하지만 그렇다고 무슨 의미가 있나? 엄밀히 말하면 케톤증 상태가 되는 데 걸리는 시간은 얼마나 많은 케톤을 섭취했는지, 그리고 탄수화물이 든 음식을 먹었거나 먹게 되는지에 따라 다르다. 우리 몸은 섭취해서 얻은 케톤을 에너지로 사용한 다음 원래대로 계속 작동한다. 케톤 음료가 마법처럼 지방을 빼주지는 않는다.

이미 케토제닉 다이어트를 하고 있다면 케톤 음료가 일종의 에너지 음료처럼 작용할 수는 있지만 그렇지 않은 사람에게는 거의 무의미하다. 터무니없이 비싸기만 하고 건강에 좋다는 증거는 하나도 없다. 게다가 케톤 음료를 판매하는 회사의 흔한 주장처럼 케톤을 마시면 '케토 감기' 증상이 줄어든다는 증거도 없다.

괜한 돈 낭비를 하지 말라.

간헐적 단식인가, 특권적 굶주림인가

간헐적 단식과 케토제닉 다이어트를 같은 장에서 이야기하는 이유는 둘 다 케톤과 관련 있어 같은 사람들이 부추기는 경우가 흔하기 때문이다. 오랫동안 음식을 먹지 않으면(즉 단식하면) 탄수화물을 제한할 때와 마찬가지로 저장된 포도당이 소진되고 몸은 케톤을 생성해 에너지로 사용하기 시작한다. 그렇다고 해도 엄청나게 많은 지방을 먹는 식단과 무관하게 단식을 둘러싼 오해는 너무 많다. 그중 몇 가지를 살펴보자.

간헐적 단식은 일정 기간에만 음식을 먹을 수 있는 식사 패턴을 말한다. 나머지 시간에는 단식 상태로 물 또는 블랙커피나 차 같은 음료만 마실 수 있다. 칼로리가 거의 없는 액체들 말이다. 이 말을 들으면 놀라겠지만, 우리는 모두 매일 간헐적 단식을 한다. 한밤중에 일어나 간식을 먹지 않는 한 말이다. 하루 첫 끼를 '브렉퍼스트(breakfast)'라고 부르는 이유는 말 그대로 아침 식사가 간밤의 단식(fast)을 깨는(break) 것이기 때문이다.

단식이 살 빼준다는 주장에 의문을 제기하기 전에, 유대교·기독교·이슬람교 같은 여러 종교에서 수천 년 동안 단식을 해왔다는 사실을 완전히 인정한다고 미리 밝힌다. 라마단이라는 금식의 달은 이런 종교적 단식의 분명한 사례로, 전 세계 이슬람교도 대다수가 일출부터 일몰까지 음식과 음료를 모두 금하는 단식이다.

개인적으로 나는 이런 종교적 단식과 체중감량·건강을 위한 단식 사이에는 심리적으로 큰 차이가 있다고 생각한다. 따라서 나는 앞으로 후자에 대해서만 이야기하겠다. 하지만 섭식 장애나 이상 섭식행동을 겪고 있다면 목적에 상관없이 단식은 신체적·정신적 건강 모두에 아주 해로울 수 있다는 사실을 명심해야 한다.

이제 이 단락의 제목을 살펴보자. 간헐적 단식은 당신이 그렇게 생각하든 아니든 **정말** 특권적인 굶주림이다. 체중감량을 위해서든 '건강'을 위해서든, 먹지 않기로 선택할 수 있다는 것은 특권이다. 많은 사람은 이런 선택권이 없으며 다음 식사를 할 수 있을지 알 수 없는 상태에서 하루하루를 살아간다. 이들에게는 식사를 거르는 것은 단식이 아니다. 선택의 여지가 없는 강제된 굶주림이다. 식량 빈곤은 몹시 현실적인 문제이므로, 많은 사람에게 고통스러운 현실을 미화하지 않도록 주의해야 한다.

나는 체중감량을 위한 단식에 많은 문제가 있다고 생각한다. 음식과의 관계를 망치지 않으면서 단식할 수 있는 사람도 있을 것이다. 하지만 그럴 수 있다고 믿는 사람의 대다수도 사실 자신도 모르게 스스로 거짓말을 하고 있다. 다이어트 문화에서는 섭식 장애 행동을 정상이라 여긴다. 예외는 없다. 살을 빼기 위해 굶는 것이 위험하다는 사실을 다른 어떤 말로 더 강하게 주장할 수 있을지 모르겠다. 간헐적 단식이든 뭐든 중요하지 않다. 다이어트 문화는 교활하다. 다이어트 문화는 이상섭식행동을 소위 웰빙이라는 말로 포장해서 정당화한다. 그런 말이 당신을 속이게 하지 말라.

간헐적 단식에 대한 오해를 설명하기 위해 흔히 말하는 간헐적 단식이 보통 무슨 의미인지 살펴보자. 가장 일반적인 의미는 시간 제한 급식이다. 매일 특정 시간 동안만 식사한다는 의미다. 보통 16:8 비율을 사용하는데, 이는 하루 16시간 금식하고 8시간만 먹는다는 의미다. 예를 들어 정오에서 저녁 8시까지만 식사하는 것이다. 좀 더 극단적인 형태로 20:4의 비율을 사용해 보통 오후 4시간 동안만 먹는 이들도 있다. 두 번째로 인기 있는 형태는 5:2 비율로, 일주일에 닷새는 정상적으로 식사하고 나머지 이틀은 단식하는 것이다. 이 방법을 따르는 사람 대부분은 이틀 동안 완전히 단식하지는 않고 에너지 섭취를 급격히 줄인다.

간헐적 단식은 최근 유명인과 건강 전도사들이 '환상적'이며 '좋아하는 것 다 먹고도 살찌지 않는다'고 말하면서 점점 인기몰이 중이다. 영양 헛소리를 다루기 좋은 시점인 것 같지 않은가?

"간헐적 단식을 하면
먹고 싶은 대로 다 먹어도 살찌지 않는다"?

아주 잘못된 정보다.

이 점에 대해 소셜미디어에서 어떤 유명인(이름은 밝히지 않겠다)

에게 이의를 제기해야 했던 적이 있다. 그가 인스타그램 팔로워들에게 간헐적 단식은 "식사 시간에는 기본적으로 먹고 싶은 것은 다 먹으면서" 할 수 있어서 너무 쉽고, 단식하는 동안에는 "몸이 지방, 특히 복부 지방을 태워요"라고 말했기 때문이다.

나는 다이렉트 메시지를 보내 그의 말에 이의를 제기했다. 하지만 의외로 그는 방어적인 태도로 거부하지 않고, 오히려 내 말에 동의하며 나중에 자신의 말이 틀렸고 대신 나를 팔로우하라고까지 자신의 팔로워에게 말했다. 간헐적 단식에 대한 수많은 질문이 쏟아져, 미처 준비되어 있지 않았던 나는 약간 당황했을 정도다! 상황이 진정된 후 내가 얻은 주된 교훈은 그의 말이 진짜라고 믿는 사람이 정말 많다는 점이었다.

참고 **체중감량에 대해서**

논의를 계속하기 전에, 체중 증가는 어떻게든 피해야 하는 것이 아님을 상기하자. 우리 사회는 매일 모든 매체를 통해 끊임없이 이 말을 퍼트린다. 그러므로 체중 증가는 절대 피해야 한다는 말에서 벗어나려면 계속 도전해야 한다. 체중은 끊임없이 변한다. 아주 정상적인 현상이다. 살면서 건강을 중심에 두고 싶다면 살이 얼마나 빠지는지에 따라 선택의 우선순위를 결정하지는 말아야 한다. 체중감량은 건강과 동의어가 아니다. 체중이 는다고 모두 건강에 나쁘지는 않기 때문이다.

간헐적 단식은 마법이 아니다. 먹는 시간을 제한하면 에너지를 충분히 얻기 어렵다. 평소에 얼마나 먹는지 떠올려보고 그것을 몽땅 네 시간에 밀어 넣는다고 생각해 보라. 그러면 살은 빠지겠지만 간헐적 단식을 멈추자마자 체중은 다시 예전으로 돌아간다.

어떤 사람들은 오히려 체중이 늘 수도 있다. 음식 섭취가 들쭉날쭉한 기간을 겪은 몸은 비슷한 일이 다시 일어날 경우를 대비해 에너지를 저장하려고 한다. 음식이 다시 허용되면 폭식할 가능성도 매우 크다. 적게 먹은 다음 과식하는 행동은 생리적 관점에서는 지극히 정상이다. 단식은 폭식과 대식증의 강력한 예측 인자라는 연구 결과도 있다.[116] 이런 행동은 몸에 더욱 각인되어 섭식 장애로 발전할 위험이 있으므로, 이 중 하나에라도 공감한다면 그냥 넘어가지 말기를 바란다. 이런 현상은 간헐적 단식뿐만 아니라 에너지를 제한하는 모든 다이어트에서도 일어날 수 있음을 명심하자.

단식할 때 몸이 지방을 태운다는 주장은 어떤가? 지방 대사는 전체 에너지 섭취량에 따라 계속 일어나는 대사 과정이다. 마지막 식사에서 얻은 포도당이 다 떨어지면 몸은 간의 저장고를 활용하고, 그다음에는 짧은 기간 동안 지방을 사용하기 시작한다. 사용한 지방은 모두 다음에 먹을 때 보충된다.

이를 뒷받침하는 연구 결과도 있다. 1년간 실시한 임상시험에 따르면 간헐적 단식은 체중 감소에 어떤 이점도 없었다.[195] 지방이 빠진 부위도 차이가 없었다. 간헐적 단식이 뱃살을 먼저 뺀다는 주장은 우습게도 설치류 연구에 근거한 것이다. 우린 쥐가 아니라니까!

당신이 원하는 대로 몸이 일하도록 신진대사를 속일 수 있다고 생각하지 말라. 체중감량은 결코 생존에 도움이 되지 않기 때문에 우리는 진화적으로 살이 빠지지 않게 되어 있다. 오후 시간 잠깐만 빼고는 아무것도 먹지 않는다고 해서 바뀌는 건 없다. 아침 식사를 하지 않고도 정오까지 배고프지 않은 사람이라면 괜찮다. 굳이 습관을 바꿀 필요는 없다. 하지만 꼭 아침 식사를 하는 사람이라면 간헐적 단식이라는 잘못된 정보 때문에 정상적인 배고픔 신호를 무시해서는 안 된다.

"간헐적 단식은 노화를 되돌린다"?

몸이 정상적으로 기능하려면 몸속 세포는 정기적으로 청소를 해야 한다. 시간이 지나면서 몸에 폐기물이 축적되고 세포 내 여러 구성 요소가 작동을 멈추면 몸은 이런 폐기물을 모두 제거한다. 이 과정을 전문용어로 '자가포식autophagy'이라 하는데, 고대 그리스어로 스스로 먹는다는 의미다. 모든 웰빙 인플루언서를 갑자기 전문가처럼 보이게 만드는 용어이기도 하다.

단식이 자가포식을 촉진한다고 알려지면서, 단식이 면역 체계를 재생하고 암을 예방하거나 퇴치하고 노화를 늦추는 등 여러 역할을 한다는 말을 구글 검색만 잠깐 해봐도 쉽게 찾을 수 있다.

하지만 이 중 어느 것도 사실이 아니다. 그 이유를 설명해 보겠다. 자가포식의 기능 중 하나는 영양 결핍 같은 스트레스 조건에서 세포 일부를 재활용하도록 돕는 것이다.[196] 우리 몸의 세포는 모두 100% 기능하려 하지만 몸에 에너지가 충분하지 않으면 타협해야 한다. 일부 세포는 영양소를 재활용하고, 영양소가 더 많이 필요한 다른 세포가 남은 영양소를 사용한다.

오랫동안 먹지 않으면 몸은 자가포식을 촉진하지만, 이는 실직 후 빚을 갚기 위해서 주택담보대출을 선택하는 꼴이다. 꼭 하고 싶지는 않지만 어쩔 수 없이 선택하는 대체 선택지일 뿐인 것이다.

굶어서 자가포식을 장려한다고 단순히 영양소를 이동시키는 것 이상의 역할을 한다는 증거는 없다. 자가포식에는 노화를 되돌리는 마법 같은 능력도 전혀 없다. 건강을 위해 굶으라고 말하는 사람들은 흔히 자신의 주장을 입증할 수 있다고 추정되는 연구를 인용한다. 이 연구들이 모두 쥐나 기생충을 대상으로 한 연구라는 점만 빼고 말이다. 그들은 기생충을 닮았을지는 몰라도 당신은 결코 아니다. 절대 좋은 증거가 아니다.

한 연구[197]에서는 이런 실험의 어려움을 완벽하게 요약한다. "사람의 자가포식을 제대로 관찰하기란 실질적으로 불가능하다." 증거가 있다고 주장하는 사람들은 새빨간 거짓말을 하거나 완전히 혼동하고 있다.

"간헐적 단식을 하면 제2형 당뇨병에서 회복될 수 있다"?

이 이야기는 짧게 하겠다. 앞서 논의한 바와 같이 문헌에서 제2형 당뇨병의 완전 완화를 유도할 가능성을 보인 유일한 방법은 체중 감소뿐이다. 간헐적 단식이 단기간 체중 감소로 이어질 수 있는가? 물론이다. 굶으면 그렇게 할 수 있다. 하지만 단식이 체중 요요를 막는다는 보장이나 증거가 있는가? 전혀 없다. 간헐적 단식은 다른 다이어트보다 장점이 없다.

간헐적 단식과 정상적인 식사 패턴을 비교한 가장 긴 임상시험에서도 1년 후 체중 감소나 대사 지표에서 어떤 차이도 보이지 않았다.[195] 포도당, 인슐린 수치, 염증 지표, 콜레스테롤 등 모든 대사 지표가 간헐적 단식을 한 집단과 그렇지 않은 집단에서 정확히 똑같았다.

해로운 행동을 정상이라 말하지 말자

케토제닉 다이어트와 간헐적 단식에 대한 내 생각을 최대한 명확하게 밝히며 이 장을 끝내겠다. 이미 상당히 직설적으로 말했다고 생각하지만 만일을 위해서다. 안타깝게도 둘 다 인기가 급상승하고 있으며 이 열기가 조만간 사그라들 것 같지는 않다. 건강을 약속하는 주장 중 절대다수는 분명 헛소리인데도, 사람들은 여전히 유행 다이어트를 따른다. 이런 다이어트 방법의 하나가 당신이 즐기는 식사법일 수도 있고, 당신의 생활습관에 잘 맞을 수도 있다는 사실을 부정하지는 않겠다. 하지만 정신과 육체적 건강에는 실제로 아주 위험할 수 있다는 점을 지적해야겠다.

다이어트 문화에는 섭식 장애 행동을 정상이라고 보는 습관이 있다. 객관적으로 해로운 행동을 아주 효과적인 체중감량법이라고 포장한다. 당신에게 거짓말을 하는 것이다. 전체 식품군을 과도

하게 제한하고 식사를 건너뛰는 방법은 건강에 결코 좋지 않다.

의도적으로 체중을 조절한다는 맥락에서도 이런 행동은 해롭다. 문제는 얼마나 해로운지다. 어떤 사람들은 그 영향을 알아차리지 못하거나, 예상치 못한 회복력 덕분에 큰 위험을 느끼지 못하고 빠져나올 수도 있지만, 그렇지 못한 사람도 많다. 섭식 장애 발생은 복잡한 문제이며 누가 영향을 받을지 항상 예측할 수는 없다. 특히 살을 빼준다며 우리를 꾀는 약속 중 어떤 것도 사실이 아닐 때는 섣불리 달려들지 말자.

6

채식과 육식

이 장에서는 동물성 식품을 전혀 먹지 않는 채식주의인 '비건주의veganism'부터 동물성 식품만 먹는 육식주의인 '카니보어carnivore'까지 양극단의 식단에 대해 조금 이야기하려 한다. 어느 쪽이 더 잘못된 주장인지 겨룬다면 후자가 거뜬히 이기겠지만, 안타깝게도 양쪽 진영 모두에 오류가 만연해 있다.

비건주의 식단부터 이야기해 보겠다. 불공평하다는 말이 벌써 들리는 것 같지만, 잠시 쇠스랑을 거두고 이야기를 들어보시라. 논의를 진행하기에 앞서 내 입장을 명확히 하면 오해를 좀 더 줄일 수 있으리라 믿는다.

- 식물성 식품은 건강에 매우 좋으므로 가능한 한 더 먹어야 한다.
- 나는 비건주의자 대부분 윤리적 의식이 있다고 생각한다. 하지만 비건 공동체에서 가장 목소리가 큰 사람들이 남을 설득하려고 광신도 같은 방법에 의존하기 시작했다는 사실도 안타깝지만 현실이다.
- 섭식 장애를 겪는 사람 중에는 비건주의 식단이 윤리적이라는

측면을 이용해 식단 제한을 정당화하는 경우도 있다. 하지만 하지만 동물성 식품 섭취가 섭식장애 회복의 일환이 되어 도움을 받을 수 있는 경우가 많다.

　나와 같이 비건주의자가 아닌 사람에게도 문제의 책임이 일부 있다고 본다. 우리가 비건주의자들을 비웃고 그들의 연민을 조롱하기보다, 대규모 육류 생산을 위해서는 피할 수 없는 비인간적 도살을 우려하는 타당한 근심에 귀 기울였다면, 비건주의자들은 건강에 대한 과장된 주장을 끌어오지 않아도 됐을 것이다. 완전 채식

을 하면 만성질환이 모두 치료된다는 주장 같은 것 말이다. 음식은 그렇게 작동하지 않는다. 음식은 약이 아니라는 사실을 기억하지 않는가? 싸움을 키우는 비건주의자들 탓에 야채를 많이 먹는 식습관이 주는 건강상의 이점을 깨닫지 못하는 사람들이 많다. 정말 안타까운 일이다.

완전 채식을 하기로 할 때 작용하는 윤리적 요인은 선택과 신념 체계의 경계를 모호하게 만든다. 완전 채식을 선택하는 행동이 '비건주의'라 불리는 데는 이유가 있다. '주의'라는 말은 교리나 관례를 뜻한다. 2020년 초 영국의 한 판사는 윤리적 채식이 '철학적 신념'에 해당한다고 판결했다. 차별받지 않도록 영국 평등법에 따라 법으로 보호해야 한다는 뜻이다. 이렇게 되면 비건주의자들이 믿는 잘못된 정보에 도전하기가 상당히 어려워진다. 문제 제기가 곧 비건주의자들의 정체성에 대한 인신공격이 될 수도 있기 때문이다. 여기서 나는 정체성을 공격하려는 게 아님을 밝힌다. 동물 복지에 관심 있고 육류 소비를 줄이도록 권장하면서도, 자신이 서구 사회에 살기 때문에 그런 행동을 취할 수 있다는 사회경제적 특권을 인정하는 비건주의자들을 매우 존경한다. 이런 생각은 **반드시** 함께 가야 한다.

하지만 이 글을 쓰는 시점에서 동물성 식품에 대해 공포를 조장하거나 입맛에 맞는 증거만 쏙쏙 뽑아놓지 않는 비건주의 '다큐멘터리'는 하나도 발견하지 못했다. 그렇지 않다면 좋겠지만, 사실이다. 〈더 게임 체인저스The Game Changers〉, 〈몸을 죽이는 자본의 밥상〉, 〈칼보다 포크Forks Over Knives〉 같은 다큐멘터리는 모두 동물성 식품을 먹으면 건강해질 수 없다는 논리를 편다. 영양은 흑백논리가 아니다. 하지만 신념 체계는 흑백논리로 작동할 수 있다.

"비건식은 동물성 식품을 먹는 식단보다 반드시 건강에 좋다"?

완전 채식을 하면 건강해진다며 광고하는 사람들을 그리 어렵지 않게 찾을 수 있다. 하지만 식물성 식품만 먹는다고 특별히 '건강에 나쁠' 것까지는 없다고 해서 그 반대도 항상 사실은 아니다.

하나는 분명하다. 동물성 식품을 함께 먹어도 분명 건강해질 수 있다. 육류는 완전 단백질과 철분의 훌륭한 공급원이며 달걀에는 미량영양소가 가득하고 유제품은 중요한 칼슘 공급원이다. 기름진 생선은 다가불포화지방산이 풍부해 심장 건강에 큰 도움이 된다. 이런 사실을 무시하는 행동은 분명 잘못이다.

비건 식단이 전형적인 서양식 식단보다 건강에 좋다는 말은 흔히 들어봤을 것이다. 이 말이 아마 좀 더 진실에 가까울 것이다. 전형적인 서양식 식단에는 붉은 고기와 가공육, 초가공 튀김, 정제 탄수화물이 많고 신선한 야채는 적은 경우가 많다. 각각은 본질적으로 나쁘거나 건강에 해롭지 않지만, 이런 식품이 식단 대부분을 차지하면 특별히 영양에 좋지는 않다. 이런 상황에서는 신선한 과일과 야채, 통곡물 탄수화물, 콩류, 견과류, 씨앗류를 많이 포함하는 채식 식단이 영양 면에서 더 좋을 수 있다.

하지만 튀김, 피자, 베이크드 빈 통조림, 칩 역시 비건 식단으로 구성될 수 있다. 그렇다면 이런 식단이 전형적인 서양식 식단보다 더 영양가 높다고 주장할 수 있을지는 확신할 수 없다. 연구에 따르면 '덜 건강한 식물성 식품(가당 음료, 정제 곡물, 튀김, 달콤한 디저트)'이 많이 포함된 식단을 먹으면 동물성 식품 위주 식단을 먹을 때보다 상대적으로 심혈관 질환 위험이 더 컸으며, 골고루 먹는 식단은 야채 위주인 식단과 심혈관 질환 위험이 거의 비슷했다.[198]

식이요법들을 비교할 때는 건강에 영향을 미치는 요인이 식이요법만은 아니라는 사실을 반드시 기억해야 한다. 여성의 만성질환 위험 요인을 살펴본 가장 대규모 연구 중 하나인 '간호사의 건강 연구Nurse's Health Study' 결과, 육식하는 사람은 대체로 흡연하고, 음주량이 많고, 신체 활동이 적었다.[199] 건강하지 못한 생활습관을 지닌 사람은 섬유질이나 과일, 야채도 덜 섭취할 가능성이 컸다. 남녀 모두를 연구한 코호트 연구에서도 상당히 비슷한 특성이 나타났다.[200] 이런 생활습관들은 모두 고기를 먹는 특정 습관보다 건강에 훨씬 나쁘다. 하지만 눈에 확 들어오는 헤드라인은 아니다.

우리는 동물성 식품에 끈질기게 죄를 덮어씌우지 않고도 식물성 식품을 더 많이 먹도록 장려할 수 있다. 사실 이런 방법이 변화를 이끄는 데 훨씬 효과적일 것이다.

"우유에는 고름이 있다"?

우유에는 수백만 개의 고름 세포가 있다는 말을 들어봤는가? 이 영양 헛소리가 어떻게 시작되었는지는 정확히 알 수 없지만, 현재 이렇게 선전하는 이들은 동물 권리를 보호하기 위한 비영리 국제 단체인 페타(PETA) 뿐이다.[201] 페타의 웹사이트에는 우유에 대해 이렇게 쓰여 있다. "'고름'이라고도 알려진 백혈구는 감염과 싸우는 수단으로 우유에 생성된다." 하지만 이 말은 완전히 틀렸다. 백혈구는 고름이 아니다. 고름은 대부분 세균과 죽은 백혈구로 구성된 액체다. 의미 관계를 따지자는 것이 아니라 정확성 문제다.

동물 학대와 착취 문제를 공론화한 페타를 존경하지만, 과학 면에서 보면 그들의 행적은 충격적이다. 그들은 흔히 자신들의 주장이 더 설득력을 갖도록 동물성 식품 섭취에 대한 잘못된 정보(거짓말이라고도 한다)를 악용해 두려움을 조장한다. 아이러니하게도 거짓말을 하면 새로운 생활습관(이 경우에는 육식 안 하기)을 시도하려는 사람들에게 신뢰를 잃게 되므로, 사실 제 발등을 찍는 셈이다.

우유에는 듣기만 해도 끔찍한 고름은 들어 있지 않은데, 그렇다면 백혈구는 어떨까? 백혈구도 걱정해야 할까? 대답은 간단히 '아니오'이다. 백혈구는 우유의 안전을 확인하는 지표다. 소가 감염되면 백혈구 수가 증가하고 그런 소에서 얻은 우유는 버려진다. 농부들은 우유 속 백혈구가 적어야 돈을 더 많이 받고, 계속 우유 속 백혈구 수치가 한도를 초과하면 불이익을 받는다. 우유 판매 권리를 박탈당할 위험도 있다. 이런 규칙 때문에 농부들은 최대한 소를 건강하게 보살피려고 노력한다.

우유에 백혈구가 있다고 우리 건강에 문제가 된다는 증거는 없지만, 혹시 백혈구가 남아 있으면 문제가 될까? 우유를 저온살균하면 침입한 세균은 물론 세포도 죽는다. 설령 백혈구가 남아 있다고 해도 pH가 매우 낮은 위산을 만나면 사멸한다. 과학적 사실이며, 백혈구를 두려워할 필요는 없다.

저온살균은 역사상 매우 효과적인 공중보건 발명이며, 우리는 저온살균 덕분에 우유를 안전하게 마실 수 있게 되었다. 살균하지 않은 생우유는 건강에 상당히 위험할 수 있으므로 영국 중심가에서 생우유를 파는 행위는 불법이다. 미국에는 비슷한 법은 없지만 한 유명 유기농 슈퍼마켓 체인은 10년 전 식품 안전 문제로 생우유 판매를 중단했다.*

요점만 다시 말한다. 우유에는 고름이 없다.

----

* 대한민국 식품위생법은 '우유류'는 살균 또는 멸균처리를 해야 한다고 규정하고 있다. 따라서 국내에서 정상적으로 유통되는 우유도 모두 살균이나 멸균된 후 판매된다.-편집자

"우유는 뼈에서 칼슘을 빼내 골다공증을 유발한다"?

골다공증은 뼈 밀도가 줄어 시간이 지나며 뼈가 약해지고 부서지기 쉬워지는 상태를 말한다. 골다공증에는 다양한 요인이 관여하는데, 식단은 골다공증에 중요한 요인이다. 간단히 살펴보자. 칼슘과 인산염은 모두 뼈를 튼튼하게 하는데, 칼슘은 뼈 질량의 약 30%~35%를 차지한다. 비타민 D는 장에서 칼슘을 흡수하는 데 도움이 된다. 비타민 K는 칼슘이 뼈에 침착되는 것을 돕는다.

어떤 음식에 칼슘, 인산염, 비타민 K가 들어 있을까? 유제품이다. 미국이나 캐나다 등 일부 국가에서는 심지어 우유에 비타민 D를 첨가해, 우유가 뼈 건강을 개선하는 주요 영양소를 모두 충족하는 완벽한 공급원이 되도록 만들기도 한다. 그런 점에서 우유가 갑자기 공공의 적 1위가 된 것은 조금 이상하다. 그렇지 않은가?

인터넷에서는 유제품에 단백질 함량이 높아 혈액을 '산성'으로 만들기 때문에, 산을 중화시키려고 뼈에서 칼슘이 빠져나온다고 주장한다. 이런 주장은 완전히 잘못된 주장과 일부 과학적 사실이 뒤죽박죽된 것뿐이다. 혈액의 pH가 산성이 되면(심각한 감염이나 당뇨병성 케톤산증, 신부전의 경우) 칼슘이 소변으로 배출될 수는 있지만,[202] 그렇다고 갑자기 골다공증이 유발되지는 않는다.

식품은 혈액의 산성도를 측정 가능한 정도로 변화시킬 힘이 없다. 만약 그럴 수 있다면 우리 의사들은 벌써 전 세계 병원에서 식품을 활용했을 것이다. 혈액의 pH는 7.35~7.45다. 이를 제어하는 메커니즘이 잘못되면 상황이 심각해져 중환자실에 입원해야 할 것이다. 환자들에게 몸을 산성이나 알칼리성으로 만드는 식단을 제공할 수 있다면 좋겠지만 단언컨대 식품은 그런 식으로 작동하지는 않는다.

음식이 분해되면 **분명** 산성이나 알칼리성 화합물을 만들지만, 우리 몸은 작은 pH 변화라도 즉시 상쇄하므로 이런 변화는 크게 문제가 되지 않는다. 영양소는 약이 아니므로 혈액의 생물학적 pH 범위 바깥에서 작용할 수 **없다**. 음식은 약이 아니다.

우유 단백질은 분해되면 산성 물질이 되지만, 우유 몇 리터를 마셔도 큰 의미는 없다. 단백질을 섭취하면 칼슘 저장과 뼈 건강을 돕는데,[203] 이는 앞서 언급한 논리가 쓸모없다는 의미다.

전 세계 공인 영양사, 영양 전문가, 의사들은 유제품이 유년기와 [204] 성인기[205] 모두의 뼈 건강에 유익하다는 데 동의한다. 소셜미디어 속 몇몇 돌팔이들이 우리 모두를 대표하지는 않는다는 점을 약속하겠다.

다른 이유로 유제품을 먹지 않거나 먹을 수 없다면 대체 식품으로 칼슘을 충분히 섭취해야 한다. 영국의 대규모 연구에 따르면 많은 비건주의자는 칼슘 섭취가 부족해서 골절 위험이 크다.[206] 완전 채식을 할 때 유제품 외의 다른 공급원을 통해 칼슘을 충분히 섭취하면 이런 위험이 사라진다.

"채식을 하면 심장병에서 회복될 수 있다"?

'오니시 박사의 심장병 벗어나기 프로그램Dr. Ornish's Program for Reversing Heart Disease'을 들어봤는가? 오니시는 저지방 채식 식단을 따르면 심장병에서 회복될 수 있다고 주장한다. 이 주장은 1990년 처음 발표된, 관상동맥 질환 환자 48명을 대상으로 한 '생활습관과 심장병 연구 임상시험Lifestyle Heart Trial' 결과를 바탕으로 한다.[207] 실험군 28명은 저지방 채식 식단을 따르고 금연, 스트레스 관리 훈련, 적당한 운동을 했다. 대조군 20명은 생활습관을 전혀 바꾸지 않았다.

연구 시작점과 1년 후 관상동맥 질환을 측정했다. 그 결과 실험군의 죽상경화반 크기는 줄었지만 대조군의 죽상경화반 크기는 늘었다. 성공이다! 하지만 안타깝게도 이 연구는 과학적 관점에서 문제가 많다.

첫째, 이 임상시험에서는 단순히 식단만 가지고 실험하지는 않았다. 실험군은 운동하고 금연했는데, 이는 모두 심혈관 질환 위험을 줄이는 데 유용하다는 증거가 있다.[67] 스트레스도 심혈관 질환 위험과 관련 있다.[208] 저지방 채식 식단이 죽상경화반의 크기를 줄인 원인이었을까? 그럴 수 있지만 다른 변수를 제거하지 않고 '검증된'이라는 단어를 쓰는 것은 그야말로 잘못이다.

둘째, 아마도 가장 비판받을 수 있는 오류는 죽상경화반 크기를 측정한 방법이다. 이 시험에서는 정량적 관상동맥 조영술(QCA)이라는 방법을 사용했다. 한계가 있어[209] 지금은 혈관 내 초음파나 관상동맥 CT 혈관조영술 같은 새로운 검사로 대체된 방법이다. 이 검사 방법은 죽상경화반을 직접 측정하지 않고 동맥 내부 직경을 측정한다. 무의미한 검사는 아니지만 부정확하므로 동맥 직경이 최소 0.4밀리미터는 변해야 죽상경화반 크기가 실제로 변했는지 알 수 있다.[210] '생활습관과 심장병 연구 임상시험'은 이 기준을 충족하지 못했다.

결론적으로 이 임상시험에서는 식단의 영향과 다른 생활습관 개선의 영향을 분리하지 못했을 뿐만 아니라, 부정확한 실험 방법 때문에 참가자들의 죽상경화반 크기가 실제로 달라졌는지 확인할 수도 없었다. 이 연구 결과가 '오니시 박사의 심장병 벗어나기 프로그램'의 효과를 '증명'하는가? 절대 그렇지 않다.

이 프로그램이 왜 논의할 가치가 있는지 슬슬 궁금할 것이다. 문제는 두 가지다. 첫째, 오니시는 올리브유도 금하는 초저지방 채식 식단을 홍보할 논거로 이 임상시험을 이용했다. 하지만 저지방 식단이 올리브유를 먹는 식단보다 심혈관 질환에 좋지 않다는 증거가 있으며,[174] 엑스트라 버진 올리브유가 객관적으로 가장 건강한 지방 공급원이라는 합의된 의견도 있다.[170] 둘째, 2010년 미국 노인 공공건강보험인 메디케어Medicare는 오니시의 프로그램을 보장해 주기로 했다. 의심스러운 증거에 기초한 프로그램에 미국 납세자들의 돈을 쏟아붓는 것이다. 의료윤리의 관점에서 이런 현상은 문제다.

오니시의 프로그램이 영양 측면에서 표준 서양식 식단보다 객관적으로 나은가? 그럴 수도 있다. 하지만 문제 많은 연구에 기초한 프로그램이 아니라, 더 탄탄한 증거가 있는 DASH 식단*이나 지중해 식단 같은 프로그램에 납세자의 돈을 사용하는 것이 더 윤리적이지 않은가? 여러분이 이에 대해 스스로 결론을 내렸으면 한다.

"브로콜리에는 스테이크보다 단백질이 많다"?

비건 식단으로는 단백질을 충분히 섭취할 수 없다는 주장에 반박하기 위해 흔히 사용되는 주장이다. 물론 사실 동물성 식품이 아닌 단백질 공급원도 많다. 세이탄**, 템페***, 두부, 렌틸콩, 병아리콩 등 끝이 없다.

하지만 이상한 점은 완전 채식으로 단백질을 섭취할 수 있다고

---

*   Dietary Approaches to Stop Hypertension. 미국 국립보건원이 고혈압 환자들을 위해 만든 식단. 식이섬유와 과일, 저지방 유제품을 섭취하고 소금, 설탕, 탄수화물, 포화지방 섭취를 줄이도록 한다.-옮긴이

**   seitan. 밀에서 추출한 단백질인 글루텐으로 만든 식물성 고기. 영국에서 채식주의 식품에 흔히 사용됨.-옮긴이

*** tempeh. 콩을 발효해 만든 인도네시아 음식.-옮긴이

주장하는 사람들이 100g당 스테이크보다 단백질이 더 많은 세이탄 같은 것 대신, 스테이크보다 중량 대비 단백질이 8배나 **적은** 브로콜리를 선택했다는 점이다. 잘못되고 정말 쓸데없는 정보다.

평균 250g의 스테이크에 든 단백질과 같은 양의 단백질을 얻으려면 브로콜리를 2kg 이상 먹어야 한다. 이 비교가 얼마나 우스꽝스러운지 누가 내게 알려주겠는가?

사람들에게 야채를 더 많이 먹으라고 권하는 데는 여러 이유가 있다. 굳이 이런 헛소리에 의존할 필요는 없이 말이다. 완전 채식으로는 단백질을 충분히 먹을 수 없다고 하면 비건주의자들은 좌절하겠지만, 잘못을 잘못으로 가려봐야 좋은 것은 없다.

"생채식이 건강에 가장 좋다"?

건강식 강박증은 건강에 좋은 식품에 무리하게 매달리는, 건강하지 못한 집착 성향을 말한다. 생채식(비건 생식)은 건강식 강박증의 완벽한 사례다.

생채식을 하는 사람들은 열 때문에 영양소가 파괴되고 '독성'이 생길까 봐 어떤 식품도 조리하기를 꺼린다. 또한 모든 것을 생으로 먹으면 두통과 알레르기를 해결하고, 면역력을 높이고, 만성질환을 치료할 수 있다고 주장한다. 오래된 헛소리다. 야채가 죽이 될

때까지 끓이면 일부 영양소가 빠져버리겠지만 일반적인 방법으로 조리하면 소화가 잘되고 영양소 흡수가 좋아진다. 조리해서 특정 영양소가 약간 손실되어도 향상된 소화율로 상쇄된다.

정말 잘못된 생채식 정보 중 하나는 비건주의 블로거인 '프릴리 더 바나나 걸Freelee the Banana Girl'이 말한 것처럼, 생채식으로 힘든 생리 기간을 극복했다는 주장이다. 그는 '생리는 몸에서 독소가 빠져나가는 현상'이라는 비과학적 견해를 가지고 있으며, 생채식을 하면 독소를 적게 먹게 되므로 생리 기간이 덜 힘들다고 말한다.

하지만 진실은 훨씬 걱정스럽다. 연구에 따르면 생식을 하는 여성은 영양실조가 될 수 있고, 이런 여성 중 45세 미만 여성의 약 30%가 부분적 또는 완전 무월경증(생리 끊김)을 겪게 된다. 근본적으로 호르몬이 제 기능을 할 만큼 체지방이 충분하지 않아 생리가 멈춘다.

우리가 원했던 현상은 결코 아니다.

불의 발견과 음식을 조리하는 능력은 인간 진화의 중추적인 단계였다. 뒷걸음질할 필요는 없다.

"단백질을 과다 섭취하면 신장병에 걸린다"?

이런 속설은 상당히 오래전부터 존재했다. 동물성이든 식물성이든 단백질이 몸에서 대사되면 결국 요소를 생성하고 신장에서 배설된다.

이 이론에 따르면 단백질을 너무 많이 섭취하면 신장에 무리가 가고 손상되어 만성 신부전이 발생할 수 있다. 하지만 연구에 따르면 이런 주장은 전혀 사실이 아니다. 신장이 건강하다면 고단백 식단으로 먹어도 신장 기능에 전혀 영향을 미치지 않는다.[211]

이미 만성 신부전을 앓는 환자의 경우에는 상황이 조금 미묘해서, 저단백 식단을 따르면 투석이 필요하지 않은 환자의 신장병 관리에 도움이 된다는 연구 결과가 있다.[212] 하지만 이미 투석을 받는 환자가 저단백 식이를 하면 오히려 사망률이 증가하는데,[213] 이런 결과는 근육량 손실 때문일 가능성이 있다. 미묘하다고 분명 말했다! 인터넷이 의학적 조언을 얻기에 적합한 공간은 아니라는 점을 상기시키는 좋은 사례다.

신장이 정상이라면 단백질을 많이 먹어도 걱정할 필요 없다. 만성 신부전을 앓고 있다면 식단을 바꾸기 전 의사와 상담해야 한다.

'오직 식물성만'에서 '식물성은 전혀'로까지

최근에는 비건주의 채식의 정반대로 고기를 많이 먹거나 아예 육식만 하는 식이요법을 따르는 사람이 급증하고 있다. 달걀, 유제품, 생선 등을 추가하는 몇 가지 변형이 있지만 모두 공통점이 있다. 식물성 식품은 절대 먹지 않는 것이다. 식물에는 분명 독이 있기 때문이라며 말이다.

유독식물인 벨라도나belladonna 같은 위험한 식물을 먹지 않는 한, 말도 안 되는 이야기다.

전 세계에서 존경받는 공인 영양사나 영양 전문가, 의사 대부분이 동의하는 한 가지 사실이 있다. **식물성 식품은 건강에 매우 좋으므로 그것으로 식단 대부분을 구성해야 한다는 점이다.** 육식주의자들은 이름에 걸맞게 이런 주장에 코웃음 치며 정반대 주장을 한다. 그뿐만 아니라 육식주의는 웰빙 문화에서 점점 커지는 왜곡된 남성성에 스며들었다.

남성은 일반적으로 의료 및 건강에 대한 참여도가 낮다. 남성은 지난 1년 동안 병원을 찾은 비율이 여성보다 24% 낮지만, 예방 가능한 질병으로 입원할 가능성은 더 크다.[214] 이런 차이에 대해 정확한 이유를 짚어내기는 어렵지만, (근육을 키우는 문제와 관련되지 않은) 고작 '영양' 따위 때문에 도움을 청하거나 관심을 기울이면 나약하다고 믿는 '진짜 사나이' 고정관념은 분명 현실이다.

결과적으로 대부분의 웰빙 문화는 여성을 목표로 삼는다. 여성은 건강에 더 관심이 많고, 외부 영향에 개방적이기 때문이다. 그래서 배우 귀네스 펠트로가 설립한 웰빙 브랜드인 구프Goop 같은 회사조차 틈새를 비집고 들어가기 쉬웠다. 구프의 웹사이트를 대충 훑어봐도 자수정·옥 등 원석의 치유력으로 병을 고친다는 '크리스털 힐링crystal healing'에 사용하는, 질에 넣는 옥 달걀 같은 것을 쉽게 발견할 수 있다. 구프는 2017년 이 제품으로 '근거 없는 의학적 주장'을 펼친 데 대한 벌금으로 14만 5천 달러를 물었는데도 말이다.[215] 이 다공성 옥 달걀의 유일한 효과는 세균 감염 위험을 늘리는 것뿐이다.[216]

바이오 해킹* 같은 '쿨한' 것으로 이름만 바꿔 남성을 목표 삼는

---

* biohacking. 유전자를 해킹하듯이 몸 구석구석을 파악하고 면밀하게 분석해 건강을 혁신한다는 주장.-옮긴이

주장도 몇몇 있지만, 고기만 먹으라는 주장만큼 왜곡된 남성성을 발휘한 것은 없었다. 고기를 먹고, 근육을 만들고, 진정한 남자가 되자는 식으로 말이다. 소셜미디어에서는 누군지 알 만한 몇몇 의사들이 팔로워들에게 육식 식단을 홍보한다. 또 하나같이 왜곡된 남성성을 직접 부추겨 자기 브랜드를 홍보한다. 웨이트 트레이닝에 엄청난 시간을 쓰고 상의를 훌떡 벗은 사진을 찍어 마른 채식주의자 의사와 비교해 올리며 팔로워들에게 누구처럼 되고 싶은지 묻는다. 면허 의사들이 유행 다이어트를 홍보한답시고 동료의 신체를 조롱할 정도로 비열해지고 있다. 그리고 이런 행동은 정말 효과가 있다. 우리는 이런 상황을 모두 해결해야 한다.

"완전 육식을 하면 자가면역질환을 치료할 수 있다"?

식물성 식품을 먹지 않고 고기만 먹는다고 자가면역질환을 치료할 수 있다는 증거는 전혀 없다. 그렇다면 궁금할 것이다. 왜 소셜미디어에는 그렇게 할 수 있다고 이야기하는 사람이 많을까?

이는 모두 위약 효과와 확증 편향과 관련 있다. 당신에게 알약을 하나 주고 건강에 도움이 된다고 말하면 밀가루 약을 줬어도 효과를 낼 가능성이 있다. 위약이라는 사실을 알아도 상관없다. 연구에 따르면 사람들에게 위약을 주었다는 사실을 말해도 진짜 약만큼은 아니지만 여전히 증상이 개선되었다.[217] 이 '위약 효과'는 식단에 무언가를 더하거나 빼는 모든 조건에서 작동한다. '음식은 약'이라는 주장에 도전하기 위해서는 매우 중요한 개념이다.

위약 효과는 '확증 편향'으로 증폭될 수도 있다. 확증 편향은 정보를 찾고 해석해 특정 관점을 더 확신하게 되는 경향을 말한다. 자가면역질환을 앓는 사람이 식물성 식품을 먹지 않는 이유는 그렇게 하면 더 나아질 것이라는 생각 때문이다. 위약 효과는 **실제로** 잠시 기분을 나아지게 만들 뿐만 아니라 그 효과를 확신하기 위해 다른 정보를 무의식적으로 찾게 만든다. 식물성 식품을 먹었던 시기와 자가면역질환이 특히 심했던 시기를 연결하기도 한다. 둘 사이에 전혀 관계가 없더라도 말이다.

더 나쁜 사실은 이제는 잘못된 믿음이 깊이 각인되어, 식물성 식품을 다시 먹으면 위약 효과가 반대로 작용해 몸이 좋지 않다고 느낀다는 점이다. 이러면 한 가지 선택만 남는다. 먹을 수 있는 것을 더 제한하는 것뿐이다. 엄청나게 해로운 악순환이 될 수 있다. 사람들이 진짜라고 믿는 일이 정말로 사실인지 되묻는 관점이 전문가(이상적으로는 공인 영양사나 영양 전문가)에게 **매우** 중요한 이유다.

이런 일이 왜 문제인지 궁금할 것이다. 증상이 호전된다면 전반적으로는 괜찮지 않은가? 식단 변화가 잠재적으로 위험하거나 해로운 경우에는 문제가 된다. 식이를 제한하는 식단은 모두 정신적·신체적으로 건강에 해롭지만 육식 식단은 그보다 한 단계 위다. 다음은 그 이유 중 일부만 살펴본 것이다.

- 식단에서 섬유질을 빼면 대장암 위험이 커진다.
- 포화지방 섭취를 늘리면 심혈관 질환 위험이 커진다.
- 과일과 야채를 전혀 먹지 않으면 비타민과 기타 미량영양소가 결핍될 위험이 커진다.

고기로 자가면역질환을 치유한다고 말하는 유명한 육식주의 의사 중 한 명인 폴 살라디노Paul Saladino는 최근 꿀을 많이 먹었더니 "즉각적으로 기분이 나아졌다"[218]라고 인정했다. 꿀에서 얻은 전해질 때문이라며 진실을 싹 무시하려고 했지만 과학적으로 말도 안되는 이야기다(꿀에 당보다 많이 들어 있는 것은 없다). 그의 뇌가 고기 대신 다른 것, 말하자면 탄수화물 같은 것을 갈망했기 때문에 꿀을 먹고 기분이 좋아진 것이다! 살라디노는 또 가공 탄수화물은 "보통 건강에 해롭다"라고 주장한 책[219]을 쓴 지 겨우 아홉 달 만에 흰쌀밥을 자주 먹는다는 사실을 인정했다.[220] 그의 주장은 결코 믿을 수 없다.

영양과 관련해 사실로 인정된 모든 주장에 반하는 헛소리로 당신의 건강을 위험에 빠트리지 말라. 목소리 높여 주장하는 사람조차 자신의 말을 따르지 못한다는 사실이 우리가 알아야 할 모든 것을 말해준다.

"육식 식단으로 우울증과 정신 질환을 치료한다"?

처음부터 명확히 짚고 넘어가자. 식단에서 식물성 식품을 모두 빼고 고기만 먹는다고 우울증이나 정신 질환을 치료할 수 있다는 과학적 증거는 전혀 없다. 그렇게 해서 '치유'되었다고 주장하는 일화가 있지만, 잠깐만 살펴봐도 이런 이야기는 상당히 걱정스럽다. 그러므로 그중 하나를 살펴보는 일은 중요하다고 생각한다.

미카일라 피터슨Mikhaila Peterson은 캐나다 블로거이자 건강 전도사로 자신만의 육식 식이요법을 팔고, 이 글을 쓰는 시점에는 트위터 프로필에 '자가면역질환 및 기분 장애가 치유'되었다고[221] 자신을 소개한다. 웹사이트에는 자신이 7세에 자가면역질환인 심각한 소아 류머티즘성 관절염을 진단받고 강력한 면역억제제를 투여받았다는 배경을 설명했다.[222] 결국 17세에 고관절과 발목 모두 인공 관절 치환술을 받아야 했다는 사실은 정말 안타깝다. 12세 때는 심한 우울증 진단을 받고 '경조증(제2형 양극성 장애)' 증상이 발현한 탓에 항우울제를 복용했다. 그는 이렇게 적었다. "무슨 일이 일어나도 결국 죽겠지, 그것도 금방. 그런 생각이 들었다. 거의 20년이 지났는데도 의료계는 여전히 내게 답을 주지 않았다. 수십 년의 필사적인 연구 끝에 나는 나만의 식이요법을 실험하기 시작했다."

의사로서 이런 글을 읽기는 정말 고통스럽다. 그렇지만 의료 전문가들은 이런 이야기에 훨씬 더 관심을 기울여야 한다. 만성질환을 잃는 환자들이 의료계가 자신을 저버렸다고 느끼는 경우는 너무나 많다. 의사들은 더 잘 해내야 한다. 그런 점에서 분명히 나는 그의 진짜 경험을 무효로 하려는 것이 아니다.

미카일라는 식단에서 식품을 하나씩 제외해 가면서 문제 식품을 찾는 식이요법을 스스로 했고 3개월 이내에 관절염과 우울증이 모두 나았다고 썼다. 하지만 안타깝게도 바로 여기서 문제가 발생한다. 약을 모두 끊을 수 있었지만 이듬해 임신하자 식단은 그대로인데도 모든 증상이 되돌아왔다. 이런 경우 흔히 볼 수 있듯이 그는 이를 식단을 더욱 제한해야 한다는 신호로 받아들이고 그렇게 했지만, 이번에는 증상이 해결되지 않았다.

여전히 해결책을 찾던 미카일라는 2017년 미국 정형외과 의사인 숀 베이커Shawn Baker가 조 로건Joe Rogan의 팟캐스트에 출연해 완전 육식 식단에 대해 말하는 것을 들었다. 고기만 먹는 식단의 이점을 주장하는 베이커의 말을 듣고 미카일라는 같은 방식을 시도하기로 했고 뒤도 돌아보지 않고 그대로 따랐다. 처음 한 달 반 동안 설사를 했는데도 말이다. 하지만 그는 이제 완전히 나았다고 주장한다.

이 지점에서 당신이 이미 알 수도 있는 사람을 한 명 소개하겠다. 미카일라의 아버지 조던 피터슨Jordan Peterson이다. 무엇보다 '남성성이 공격받고 있다'라든가 백인 특권 따위는 없다는 주장을 펼치는 심리학 교수다.[223] 왜곡된 남성성은 정말 육식 식단과 일맥상통

하는 것 같지 않은가?

여기서부터는 조금 이상해지는 지점이다. 정신 바짝 차리자.

2018년 7월, 조던은 조 로건의 팟캐스트에 출연해 딸이 육식 식이요법을 하는 것을 보고 자신도 육식을 하기로 했다고 말했다.[224] 그는 평생 겪은 우울증과 불안(자신이 겪고 있다고 말한 여러 증상 중 하나)이 모두 해결되었고 항우울제도 끊었다고 말했다. 멋진 일은 그뿐만이 아니다. 조던은 다음과 같이 이야기한다.

> "미카일라와 내가 알게 된 사실 중 하나는 우리가 식단을 제한한 후부터, 먹으면 안 되는 음식을 먹었을 때 정말 끔찍한 반응이 일어난다는 점이었습니다. … 최악은 아황산염이 든 사과식초를 먹었을 때였죠. 거의 한 달 동안 죽다 살아났습니다. 끔찍했죠. … 완전히 끝장날 것 같았어요. 진짜 엄청났죠. … 25일간 한숨도 못 잤다니까요."

당시 조던은 앞서 언급한 불안 때문에 항불안제인 벤조디아제핀을 복용하고 있었다. 이 약물은 심각한 중독을 초래할 가능성이 있다. 2년 후 약을 끊을 때 조던은 이것이 금단 증상이라는 사실을 깨달았다. 여러 번 재활 시도에 실패한 후 조던은 러시아에서 대체의학 치료 프로그램에 등록했고, 그곳에서 폐렴에 걸려 8일간 의학적으로 유도한 혼수상태에 빠져야 했다. 지어낸 이야기가 아니다.

인터넷과 여러 인터뷰, 팟캐스트에서 쉽게 만날 수 있는 정보다.

이런 시기를 거치며 미카일라는 자신의 웹사이트에서 육식 식이요법을 지원하는 클럽 회원권을 팔았고, 육식을 하면 살이 빠질 뿐만 아니라 자가면역질환과 정신 건강 문제를 치료할 수 있다고 주장한다.

이 이야기는 모두 몹시 걱정스럽다. 조던 피터슨이 홍보하는 내용을 특히 좋아하지는 않지만, 잘못된 식이요법 정보 때문에 사람들이 다치는 모습을 보고 싶지는 않다. 물론 이제 그가 건강을 되찾아 퇴원한 것 같아 다행이라 생각한다.

이 이야기를 기록한 건 육식 식이요법과 비슷한 약속에 홀리는 사람들에게 경각심을 일깨우기 위해서다. 여러 약속을 하는 주장을 듣고 결정할 때 도움이 될 만한 몇 가지 사실을 알린다.

1. 정신 질환은 야채를 먹어서 생기지도, 고기만 먹어서 치유되지도 않는다.
2. 사람들은 식초 같은 식품에 든 아황산염에 알레르기 반응을 겪을 수 있다. 하지만 조던 피터슨이 설명한 증상은 알레르기 반응이 아니다.
3. 주요 우울 증상 발현은 2주 이상 지속될 수 있는 절망감, 무가치감, 불안, 불면을 특징으로 한다. 이런 증상은 우울증 환자가 항우울 약물을 끊는 등 여러 이유로 발생할 수 있다.[225]

4. 정신 질환을 치료할 약물이 항상 필요한 것은 아니지만 생명을 구할 수는 있다. 약물을 복용한다고 결코 실패로 여기면 안 된다.

5. 우리는 정신 질환에 대해 제대로 이야기하고 비정상으로 몰고 가지 않는 태도로 정신 질환에 대한 낙인을 뿌리 뽑아야 한다. 낙인이 찍히면 보통 문제가 커져도 도움을 구하지 않게 된다.

이런 식단을 홍보하는 사람들이 **의도적으로** 사람들을 오도하려고 한다고 생각하는가? 보통은 그렇지 않다. 다른 사람이 잠재적으로 해를 입지 않도록 잘못된 주장에 계속 도전해야 하는가? 당연하다.

식물성 식품을 더 많이 먹자

육식 식이요법이라는 말도 안 되는 일에 더는 시간을 낭비하지 말고 단순한 진실을 다시 한번 살펴보자.

식물성 식품은 건강에 매우 좋으며 사실 더 많이 먹어야 한다.

식물성 식품을 기반으로 섭취하자고 해서 동물성 식품을 전부 빼야 한다는 의미는 아니지만, 조금 줄여 접시 위 많은 부분을 야채에 더 할애할 여유를 만드는 편이 좋다.

마지막으로 하고 싶은 말이 있다. 야채를 더 먹을 수 있는 능력에는 거주하는 나라와 지역에 따른 사회경제학적 요건이 큰 영향을 미칠 수 있다. 돈 문제만이 아니다. 시간, 에너지, 가전제품에 대한 접근성은 이 문제에 영향을 미치는 일부 요인에 불과하다. 신선한 야채를 사는 것보다 냉동 야채를 사는 것이 (영양은 같지만) 야채를 더 먹을 수 있는 저렴한 방법이기는 하지만, 냉동고가 없으면 이마저도 소용이 없다. 이 문제를 논할 때 다른 이들의 상황을 본의 아니게 축소하지 않도록 노력해야 한다. 소셜미디어 인플루언서들은 식단 개선을 '개인이 중요하게 여기는지 아닌지'라는 문제로 너무나 자주 축소한다. 사실무근이다. 조심스럽고 세심한 관점을 가지는 것은 누구나 할 수 있으며, 그렇게 하면 타인에게 이해와 공감을 보여줄 수 있다.

7

음식으로 암을 치료할 수는 없다

암은 꺼내기 힘든 단어이자 많은 감정과 불안을 수반하는 단어다. 치료 선택지가 발전하고 있지만 의사가 할 수 있는 일이 제한적인 경우도 있다. 생존율을 높인다고 입증된 의학적 치료법은 심각한 부작용을 초래하기도 한다. 항암제를 사용하는 항암화학요법은 피로, 무기력, 메스꺼움, 모발 손상을 유발하고 치료 중 감염 위험을 높이기도 한다. 방사선 요법은 국소 합병증이나 피부 반응을 일으키며 몇 년 후 잠재적으로 2차 암이 발생할 위험도 있다.

암이 어떻게 발생하고 왜 의사들이 그런 치료법을 권하는지 이해하지 못하면 사기꾼들이 1) 당신이 병을 얻은 것은 당신 탓이라고 주장하며 2) 엉터리 물건을 사도록 당신을 꼬드기기 쉬워진다. 사기꾼들은 거대 제약사와 손잡은 의사들이 처방한 약과 달리 끔찍한 부작용이 없는 '해결책'을 제공하겠다고 한다. 단식, 알칼리 식이요법, 당 제한, 주스 요법…… 어쩐지 익숙하지 않은가?

이런 수법에 빠졌었거나 지금 고려하고 있다고 해서 야단치거나 멍청하다고 비난하지는 않겠다. 대신 이 허튼소리를 깨닫고 다른 이들이 비슷한 운명에 처하지 않도록 지식을 전하려고 한다.

암이란 무엇인가?

우리 몸에는 약 37조 개의 세포가 있다. 각 세포의 수명은 유한하다. 감이 잘 오지 않는 숫자이므로 이렇게 말해보자. 우리 몸에는 은하수에 있는 별보다 100배는 많은 세포가 있다. 정말 그렇다. 매초 10만 개가 넘는 노화 세포가 분열과 예정된 사멸 과정을 거쳐 교체되는데, 이 과정은 우리 몸이 원래 의도대로 정상적인 기능을 하는 데 중요하다. 이 기능 중 하나는 60억 개의 DNA 염기쌍이 제대로 복제되도록 하는 것이다. 그렇지 않으면 새로운 세포는 정상적으로 작동하지 못한다.

우리 몸이 매초 600조 개의 새로운 DNA 염기쌍을 만든다는 점을 고려하면 이 과정에서 실수가 일어난다는 사실도 놀랍지 않다. 하지만 실수는 우리 생각보다 좀 더 자주 발생한다. 세포 하나가 분열할 때마다 최대 12만 번의 실수가 일어난다.[226] 다행히도 우리 몸은 세포 분열 도중이나 이후 여러 번 확인을 거쳐 이런 실수를 감지하고 복구한다. 이런 과정을 거치고도 결국 영원히 남는 소수의 실수를 돌연변이라고 한다.

대다수의 돌연변이는 큰 문제를 일으키지는 않는다. 그렇지만 세포 분열이나 예정 세포 사멸, 또는 방금 언급한 DNA 복구 메커니즘을 관리하는 유전자에 돌연변이가 축적되면 통제되지 않는 세포 복제와 성장을 초래할 수 있다. 이를 암이라 한다.

암이 발생할 위험에는 여러 요인이 작용한다. 유전된 돌연변이를 통한 유전적 요인, 발암물질(흔히 DNA 손상을 유발해 돌연변이 위험을 증가시키는 물질이나 방사선)에 노출되는 환경적 요인, 그리고 단순히 노화라는 요인도 작용한다. 보통 암이 형성되려면 평생 다양한 돌연변이가 발생해야 한다. 오래 살수록 이런 일이 일어날 가능성은 더 커진다.

하지만 좋은 소식도 있다. 치료법의 발전과 조기 진단으로 암 생존율은 극적으로 나아지고 있다. 영국에서만 지난 40년간 암 생존율은 2배가 되었다.[227] 반면 나쁜 소식은, 암은 '음식은 약이다'라는 말이 점점 끼어들기 매우 쉬운 영역이 되고 있다는 사실이다. 이 장을 시작하며 밝힌다. **음식으로 암을 치료할 수는 없다.**[228] 이는 분명하다.

영양은 치료와 회복 과정에서 환자를 **도울** 수는 있지만, 이는 식단의 세부 항목보다는 에너지를 충분히 얻게 했는지와 관계 있다. 암에 걸리면 에너지를 생산하기 위해 끊임없이 분자가 분해되는 상태에 놓인다. 지방과 근육도 분해된다. 그래서 암 환자는 대체로 체중이 감소하며, 체중 감소는 뭔가 좋지 않은 일이 일어났다는 첫 번째 징후이기도 하다. 항암 치료를 받을 때는 앞서 설명했듯 메스꺼움을 느낄 뿐 아니라 미각과 배변 습관도 바뀐다는 사실을 덧붙여 본다면, 에너지를 충분히 얻는다는 단순한 일이 왜 중요한지 이해할 수 있을 것이다. 암에 걸린 사람에게 최신 유행 식이요법을 따르라고 조언하는 말은 정말 무의미할 뿐만 아니라 몹시 근시안적인 주장이다.

우리는 사람들이 암 진단을 받으면 보완대체의학에 기대는 경우가 크게 는다는[229] 사실을 잘 알고 받아들인다. 정확한 이유는 알 수는 없지만 대체로 이런 이유 때문일 것이다. '천연' 또는 '무독성'이라는 선택지에 끌리거나, 스스로 치료에 관한 결정을 통제할 수 있다고 느끼거나, 의사가 더는 할 수 있는 것이 없다고 할 때 보완대체의학이 치료를 약속해 주기 때문이다. 오해하지 말라. 개인적으로 대안적 접근법을 보완으로 사용하는 데 반대하지는 않지만, 이런 방법은 증상 개선에 도움이 될지는 몰라도 실제로 암을 치료할 수는 없다. 안타깝게도 이런 방법을 파는 이들은 정보를 투명하게 공개하는 경우가 거의 없어, 환자는 기존 현대의학의 치료법을 **거부하고** 가슴 아픈 선택을 하게 된다.

연구에 따르면 환자가 유일한 항암 치료법으로 대체의학을 선택하면 끝이 좋지 않았다.[230] 사실, 음, 돌려 말하지 않겠다. 그런 환자들은 죽는다. 유방암에 걸린 여성은 사망 위험이 5배 이상 증가한다. 대장암 환자의 사망 위험은 4배 이상, 폐암 환자의 사망 위험은 2배 이상 커진다. 환자가 대체의학을 적극적으로 사용하기 위해 기존 현대의학의 치료법을 미뤄도 생존율은 크게 낮아진다.[231]

암과 관련된 영양 헛소리는 그저 농담이 아니라 **반드시** 비판해야 한다.

"당신은 ○ ○ ○ 때문에 암에 걸렸다"?

매주 우리는 암에 걸리는 새로운 이유를 듣고 매번 공포에 떤다. 커피, 샴푸, 데오도란트, 플라스틱 물병, 마스크 등은 우리를 죽인다. 정말인가? 설마.

소셜미디어에서 흔히 볼 수 있는 성급한 일반화 중 하나는 "독소 때문에 암 발생률이 증가한다"라는 것이다. 여기서 독소가 정확히 **무엇인지는** 아무도 명쾌하게 말할 수 없지만 그건 중요하지 않다. 언제나 문제를 해결해 준다는 보충제나 디톡스 제품이 판매되기 때문이다. 어떻게 매번 이런 일이 일어나는지 재미있지 않은가?

암 발생률은 수십 년에 걸쳐 천천히 증가해 왔다. 그 자체로는 근거 없는 믿음은 아니다. 암 발생률이 늘어나는 진짜 이유를 좀 더 자세히 살펴보자.

1. 우리는 좀 더 오래 산다

앞서 살폈듯이 암이 형성되려면 평생에 걸쳐 여러 돌연변이가 생겨야 한다. 때문에 오래 살수록 암이 생길 확률은 늘어난다. 불과 한 세대만에 전 세계의 기대수명은 거의 25년 증가했다. 1950년대 평균 기대수명은 47세였지만 지금은 70세가 넘는다.[232] 전체 암의 4분의 1 이상이 70세 이상에서 발생한다.[233] 암이 더 흔해진 것처럼 보이는 것은 당연하다. 그저 통계일 뿐이다.

2. 우리는 암을 더 잘 진단한다

전립선암이 그 예다. 1990년대 초반, 간단한 혈액 검사로 전립선 암을 진단할 수 있게 되면서[234] 전보다 훨씬 높은 진단율을 보이게 되었다. 전립선암 환자의 5년 생존율은 거의 100%이고, 15년 생존율은 95%다.[235] 많은 남성이 전립선암을 **앓다가** 사망하지만 꼭 암 때문에 사망하는 것은 아니다. 숫자만 본다면 지난 30년 동안 전립선암 발생률이 폭발적으로 늘었다고 볼 수도 있지만, 사실은 우리가 더 잘 진단하게 되었기 때문이다.

우리의 생활습관은 잘못이 완전히 없을까? 물론 그렇지는 않지만, 이는 역시 간단한 사안이 아니다. 보통 잘못된 정보를 퍼트리는 사람들이 암의 복합적인 면을 제대로 이해하지 못해 문제가 일어난다. 예를 들어 화장품에 파라벤이라는 화학물질이 들어 있다는 기사를 읽고 나서, 파라벤이 유방암 조직에서 발견되었다는 연구 결과를 보면, 샴푸가 암을 유발한다고 말하는 사람이 생긴다. 자, '무無파라벤' 샴푸가 발명되는 순간이다. 잘못된 정보에서 비롯된 공포에서 어떤 이들은 이득을 본다.

화장품에 든 파라벤은 해로운 미생물의 성장을 억제하는 데 사용된다. 흔히 파라벤이 암을 유발할 위험이 있다고 지목하는데 이는 전혀 사실이 아니다. 그렇다고 무파라벤 제품의 폭발적인 성장을 막지는 못한다. 문제는 대안 제품 역시 그다지 낫지 않아, 오염

되거나 알레르기 반응을 유발할 가능성이 더 크다는 점이다. 파라벤을 대체할 '좋은 대안'은 없을뿐더러 불필요하다!

영국에서 평생 암 진단을 받을 가능성은 현재 50%보다 조금 낮은 정도다.[236] 무섭게 들리는 통계이므로 긍정적인 면을 좀 더 들여다보자. 영국에서 지난 40년 동안 암 생존율은 2배로 늘었다. 폐암 발생률은 성공적인 공중보건 금연 캠페인 덕택에 전 세계적으로 감소하고 있다. 유방암, 대장암, 위암 사망률도 모두 줄었다.[233]

전체 암 발생률에 영향을 미치는 단 한 가지 이유는 없다는 사실을 여러분이 믿길 바란다. 다양한 주장 뒤에 숨겨진 진짜 의도에 주목하자.

"비만은 암을 유발한다"?

이 주제를 말할 때는 보통 감정이 솟구치는데, 당연히 그렇다. 체중과 암 발생 위험에 관한 이야기는 체중 낙인과 차별을 정당화하는 데 너무 흔히 사용되기 때문이다. 무슨 뜻인지 설명해 보겠다.

민간 연구지원단체인 영국 암연구소Cancer Research UK는 2018년 처음으로 "비만은 암을 유발한다"라는 캠페인을 펼쳤다. 캠페인 영상에서 이들은 아무것도 모르는 대중에게 감자튀김이 든 가짜 담뱃갑을 나눠주며 흡연 다음으로 예방 가능한 가장 중요한 암 유발 요인이 무엇인지 묻는다. 광고판에는 담뱃갑 그림은 넣지 않았지만 같은 메시지를 실었다.

이듬해에는 광고판을 두 배로 늘렸다. 광고판을 담뱃갑 모양으로 만들었고 "비만 역시 암을 유발한다"라는 문구도 넣었다. 하지만 흡연과 비만은 **근본적으로** 다르다. 흡연은 (비록 사회경제학적 요인의 영향을 받지만) 생활습관에 따른 행동인데, 흡연과 비만을 연관시키면 체중 증가 역시 생활습관 때문이라는 생각에 불을 지핀다. 하지만 그렇지 않다. 체중 증가는 퇴치해야 할 습관이 아니다. 체중 증가는 흡연처럼 주변 사람의 건강을 위협하지도 않는다.

영국 암연구소의 최고 책임자는 캠페인의 목표가 "담배와 식품을 비교하는 것은 아니다"라고 말했다. 하지만 그들은 정확히 그렇게 했다. 이 캠페인은 "과체중이면 정상 체중보다 암에 걸릴 확률이 높다"[237]라는, 말도 안 되고 모호한 주장을 했다.

이미 살펴본 것처럼 개인 수준에서 '높은' BMI는 거의 무의미하다(56쪽 참고). BMI 27이면 공식적으로는 '과체중'이지만, 최근 연구에 따르면 사망 위험이 가장 낮은 BMI는…… 두둥, 바로 27이다.[238] 연 수입이 5억 파운드가 넘는 이 유명 민간단체는 자신들의 공중보건 메시지가 조장하는 낙인을 무시했지만, 우리가 할 일은 분명 더 많다.

당시 소셜미디어에서 이 캠페인에 관해 이야기했을 때 이 캠페인의 직접적인 결과로 학대와 차별을 경험했다는 메시지를 수백

개쯤 받았다. 그중 하나를 아직도 휴대전화에 저장해 두고 있다.

"운동회 때 어떤 아이가 제 딸을 이렇게 놀렸어요. '너희 엄마는 정말 뚱뚱하니까 암에 걸려 죽을 거야'라고요. 열 살짜리 딸은 겁에 질렸죠. 제가 너무 무가치하게 느껴지고 아이가 속상해할까 봐 학교에 얼굴을 들고 갈 수가 없네요."

어떤 면에서는 영국 암연구소의 메시지에 담긴 의도와는 무관할 수 있는 이야기지만 실제 결과는 중요하다. 이 가슴 아픈 이야기는 체중이라는 주제를 신중하게 다루는 일이 얼마나 중요한지 보여 준다. 체중을 늘리는 다양한 요인을 제대로 이해하지 못하면 체중 증가의 책임을 차별적으로 개인에게 전가하기 쉽다. 체중 낙인 발생률이 인종차별 발생률과 비슷하다는 최근 추정치를[239] 보면, 체중 낙인은 체중과 여러 요인의 연관관계를 살펴볼 때 고려해야 할 중요한 변수임이 틀림없다.

그렇다면 '비만이 암을 유발한다'는 생각은 어디에서 왔을까? 연구에 따르면 높은 체중과 암 발생 위험에는 연관관계가 있지만 암 **대부분**에서 체중이 그 원인으로 입증되지는 않았다. 따라서 체중이 '암을 유발한다'라고 말하기 전에, 체중과 암 사이에 연관관계가 보이는 다른 원인이 있는지 살펴봐야 한다. 체중 낙인이라는 색안경을 벗으면 그리 어렵지 않게 찾을 수 있다.

체중을 적대하는 편견을 벗으면 어떻게 보일까? 체중 증가와 연관 있는 11가지 암[240] 중에서 식도암을 살펴보자.

식도암을 유발한다고 알려진 가장 큰 위험 요인은 위-식도 역류 질환, 흡연, 음주이고 이 세 가지에는 모두 스트레스라는 공통 요인이 있다. 스트레스는 위-식도 역류질환 발생률과 심각성을 높이고,[241,242] 어린 나이에 흡연을 시작하게 하며,[243] 금연을 어렵게 만들고,[244] 음주량을 늘린다.[245]

체중 낙인은 높은 BMI와 식도암의 연관관계에 어떤 영향을 미칠까? 음, 체중 낙인은 불안, 우울증, 높은 스트레스 호르몬에 영향을 미친다.[246] 체중 자체보다는 이런 높은 스트레스가 연관관계를 보이는 진짜 이유라는 게 아주 타당해 보이지만, 어떤 식도암 연구도 이런 사실을 인정하거나 분석에 포함하지 않는다.

이것이 문제다.

게다가 영국에서 가장 가난한 지역에서 비만 발생률이 높다는 점을 보면,[247] 사회경제적 위치가 식도암에 또 다른 변수로 작용한다고 볼 수 있지 않을까? 물론이다. 우리는 가난이 체중 낙인과 마찬가지로 스트레스를 늘린다는 사실을 안다.[248] 가난한 생활은 과일이나 야채 섭취 부족과도 연관 있는데, 이 역시 식도암 위험을 늘리는 요인이다.[249]

영국 암연구소 웹사이트에는 식도암의 27%가 과체중과 비만 '때문'이라고 아주 자신 있게 적혀 있다. 이런 주장을 증명하기 위해 그들이 참조하는 논문은 사실 이런 연관관계가 부분적으로는 그저 이 BMI 범주에 드는 사람이 더 많기 때문이라는(더 많은 사람은 곧 더 많은 사례) 사실을 명확하게 밝히며 이 데이터에 사회경제적 요인이 작용한다는 사실을 강조하는데도 말이다.[250]

이렇게 체중 낙인이 건강에 미치는 영향을 무시하면서 가난 같은 요인에도 눈감는 태도가 사람들 전체를 더 차별하는 발언으로 이어진다는 사실에 화가 난다.

체중 증가와 관련된 다른 10가지 암을 위와 같은 방법으로 살펴볼 수도 있지만, 그러려면 이 책 전체를 다 할애해야 할 것이다. 간단히 말하면, 체중과 좀 더 확실한 연관이 있어 보이는 유방암 같은 경우도 사실 절대 단순하지 않다. 지방 조직 분포가 에스트로겐 생성에 영향을 준다면 완경 후 여성에서 유방암 위험이 늘어날 가능성이 있다고 볼 수 있지만, 사실 BMI가 높은 완경 전 여성의 유방암 위험은 오히려 **줄어들었다**.[251] 이런 모호함이 논의에서 너무 자주 배제되는 까닭에, 뚱뚱한 환자는 암 진단을 받으면 본인 탓에 암에 걸렸다는 생각에서 벗어날 수 없다.

과학을 가장해 사람들에게 낙인을 찍는 행동은 **언제든** 용납될 수 없다. 이런 행동은 체중이 많이 나가는 사람이 의료 환경에서 무시당하고 제대로 대우받지 못하게 하며,[252] 의사가 치료를 꺼린다고 믿게 만든다.[253] 이런 생각은 모두 의료 기피로 이어진다.[46] 이제 이런 일은 멈춰야 한다.

"당은 암을 유발한다"?

이런 주장에 대한 유일한 논거는 당이 비만을 유발하고, 비만은 곧 암을 유발한다는 것이다. 이 책에서 이미 살폈듯, 둘 다 틀렸다. 그렇다면 이 장은 이걸로 끝?

거의 그렇지만 아직은 아니다. 괜찮다면 가당 음료와 암의 연관관계를 구체적으로 (하지만 간단히) 다루고 싶다. 당이 암을 유발한다고 주장할 때 가장 흔히 끌어오는 연구 영역이기 때문이다.

2017년의 한 체계적 문헌고찰에서는 가당 음료와 암 발생 위험을 조사한 13가지 연구를 다뤘다.[254] 이들 중 4가지 연구만이 가당 음료와 암 발생 사이에 연관성이 있을 수 있다고 주장했다. 검토 결과 연구자들은 연관성이 있다고 말할 전반적인 증거가 충분하지 않다고 결론 내렸다.

이후 가당 음료 섭취와 암 발생 위험 사이의 연관관계를 보여주는 더 작은 연구가 몇 가지 발표되었다.[255,256] 이 중에는 특히 전립선암 발생 위험과의 연관관계나 완경 후 여성의 유방암 발생률과의 연관관계를 보여주는 연구도 있었다.

이런 연구를 볼 때는 연관성에 영향을 미치는 다른 요인이 있는지도 면밀히 살펴봐야 한다. 가당 음료를 많이 마시는 사람은 흡연할 가능성이 크고 신체 활동도 적게 하며 음주량도 많다. 이런 요인은 모두 암 발생 위험을 높인다는 사실이 **잘 알려져 있으므로**, 가당 음료가 아니라 이런 요인이 주범이라고 주장하는 편이 훨씬 합리적이다.

최근 한 대규모 연구에서는 이런 생활습관 요인을 통계적으로 분석해 가당 음료 섭취와 전반적인 암 발생 위험의 연관성을 밝혔다.[257] 표본 크기는 10만 명이 넘었지만 참가자의 79%가 여성이었고, 게다가 모두 프랑스인이었다. 그것도 요인이 될까? 호주에서 19년 동안 중년 호주인 3만 5천 명을 조사한 연구에서는 반대로 전혀 연관성이 없었다.[258] 요점은 가당 음료와 암의 관계에 우리가 살펴보지 못한 요인이 작용한다는 점을 시사하는 상반된 연구가 **아주 많다**는 사실이다.

기껏해야 특정 암과 가당 음료가(직접 설탕과의 연관이 아니라) 연관성이 있어 보일 수 있지만, 사실 문제는 매우 복잡하다. 통계에서 완전히 배제할 수 없는 다양한 생활습관 요인이 있기 때문이다. 미국 국립암연구소, 영국 암연구소, 메이오 클리닉Mayo Clinic 등 세계 여러 권위 있는 의료 기관이 '당은 암을 유발하지 않는다'라는 데 동의하는 이유 중 하나다.

첨가당 섭취를 절제해야 하는 이유에는 암에 대한 공포보다 덜 의문스럽고 더 논리적인 이유가 많다(110쪽 참고). '두려움 때문에 절제한다'라는 말은 제한이라는 단어를 멋들어지게 포장한 말일 뿐이다. 이런 말은 우리와 음식 및 건강의 관계를 해친다.

"당은 암의 먹이다"?

엄밀히 말하면 이 말은 맞다. 사실 당은 모든 세포의 먹이이기 때문이다. 과학적으로 이해하지 못한 탓에 이 말은 당 섭취에 대한 두려움을 자극하는 데 이용된다. 당 섭취를 줄인다고 암 발생을 줄이는 데 도움이 된다는 증거는 없다.

암을 포함해 우리 몸의 거의 모든 단일 세포는 에너지원으로 포도당을 이용한다. 암세포는 다른 세포보다 훨씬 빠르게 성장하면서 다량의 포도당을 마구 포식해 몸의 나머지 부분이 에너지를 얻기 어렵게 만든다. 암에 걸리면 흔히 체중이 감소하는 이유 중 하나다. 따라서 '당은 암의 먹이'라는 주장은 엄밀히 말하면 사실이지만, 식단에서 당이나 그 외 탄수화물을 뺀다고 암세포의 성장이 지연되거나 생존율이 높아진다는 말은 **사실이 아니다.** 의사들은 수십 년 동안 다양한 암 치료법을 연구해 왔다. 당 섭취를 제한하는 방법이 정말 효과가 있다면 왜 숨기겠는가?

당을 제한해 암세포 성장을 억제할 수 있다면 대다수는 항암화학요법보다 그 방법을 택할 것이다. 하지만 우리 몸은 그보다 훨씬 복잡하다. 첫째, 암은 아무리 적은 양의 포도당이라도 잘 잡아둔다. 즉 포도당이 필요한 다른 정상 세포는 결국 포도당을 뺏길 가능성이 크다는 말이다. 둘째, 우리 몸은 체지방과 단백질로도 포도당을 만들 수 있다. 초저탄수화물 식이요법을 하는 암 환자도 혈당 수치가 전혀 낮아지지 않았다는 점이 이 사실을 보여준다.[259] 당을 어떻게든 제한해도 포도당이 암세포에 도달하는 것을 막지는 못한다.

당이 실제로 '암의 먹이'라면 혈당을 높이는 약은 모두 암이 자라는 데 일조할 것이다. 그렇지 않은가? 스테로이드를 보자. 스테로이드는 혈당 수치를 **높이지만**, 암세포를 파괴하고 항암화학요법을 더 효과적으로 만들어 암 치료의 일부로 흔히 사용된다.

당과 암이 관계없다는 사실을 뒷받침하는 연구 결과도 많다. 최근 몇몇 체계적 문헌고찰 결과를 보면 암 환자가 탄수화물이나 당을 제한해도 **어떤** 이점도 얻지 못했다.[259-261] 당이 암과 관련 있다는 주장을 뒷받침하는 근거는 전혀 없다.

마지막으로 주의사항을 덧붙이겠다. 암을 치료하는 동안 식이를 제한하면 의도하지 않게 체중이 감소할 가능성이 매우 크다. 또한 칼로리를 충분히 얻기 어려우므로 암 환자는 영양실조에 걸리기 쉽다. 웃고 넘길 만한 위험이 아니다. 암 환자에게 당을 제한하면 예상치 못한 체중 감소를 보인다는 여러 연구 결과를 볼 때,[260] 이런 말은 무의미할 뿐만 아니라 위험하다.

"알칼리성 식이요법으로 암을 치료한다"?

이 주장은 완전히 헛소리지만 정말 널리 퍼져 있다. 다음과 같은

말을 얼마나 많이 들어봤는가?

"알칼리성 환경에서는 암을 포함한 어떤 질병도 생기지 못한다."

독일 생리학자이자 의사이며 노벨상 수상자인 오토 바르부르크 Otto Warburg 박사가 말했다는 이 발언은 알칼리성 식단이 암 치료의 핵심이라는 주장을 정당화하기 위해 인터넷에서 널리 사용된다. 하지만 이 주장은 완전히 엉터리일 뿐만 아니라 바르부르크가 그런 말을 했다는 증거도 전혀 없다!

바르부르크 박사는 암세포가 상당한 양의 젖산을 생산한다는 사실을 처음으로 관찰했다.[262] 왜 이런 일이 일어나는지 이해하려면 세포가 에너지를 생산할 때 두 가지 선택지가 있다는 사실을 이해해야 한다. 산소를 사용하는 호기성 방법과 그렇지 않은 혐기성 방법이다. 산소를 사용해 에너지를 만드는 호기성 호흡은 전체적으로 더 많은 에너지를 생성하기 때문에 세포가 선호한다. 대안인 혐기성 호흡은 에너지를 상대적으로 덜 생성하고 젖산을 만든다.

암세포는 주위에 많은 산소가 있어도 여러 이유로 혐기성 호흡을 선택한다. 그래서 바르부르크는 암세포가 젖산을 생산한다는 사실을 발견할 수 있었다. 혐기성 호흡을 하면 암세포 주변은 산성이 되므로, 어떤 사람들은 산성이 암을 유발하고 알칼리성은 암을 치유한다고 주장한다. 이렇게 비유하면 어떨까? 처음에는 좀 이상하게 들릴지 모르지만 잘 들어보시라! 비가 오면 땅이 젖는다. 누군가 비가 내리는 것은 땅이 젖었기 때문이라고 말한다면 날씨가

어떻게 작동하는지 하나도 모르는 사람이라고 비웃을 것이다. 산
성이 암을 유발한다는 주장은 이처럼 말도 안 되는 논리를 따른다.
암은 국소적으로 산성 환경을 유발하지만 그 반대는 아니다.

앞서 살펴봤듯(205쪽 참고) 우리 몸의 pH는 제멋대로 바뀌지 않
는다. 세포가 제대로 기능하려면 세포의 산성도는 pH 7.0~7.4로
유지되어야 한다. 그렇지 않으면 특정 화학반응이 일어날 수 없다.
혈액의 산성도는 조금 더 좁은 범위인 pH 7.35~7.45로 유지된다.
암세포 내부는 알칼리성일 뿐만 아니라 사실 정상 세포보다 더 알
칼리성이라는 사실을 볼 때,[263] 산성이 암을 유발한다는 주장은 우
스꽝스러운 아이러니다.

식품은 세포의 산성도를 바꾸지 못한다

특정 식품이 혈액을 '너무 산성'으로 만들어 암을 유발하므로 알칼리성 식이요법을 하면 암을 치유할 수 있다는 사기꾼들의 주장을 살펴봤다.

이런 주장은 완전히 헛소리이며, 과학은 명확하므로 이런 주장에 충분히 맞설 수 있다. 식단과 산성도, 암의 관계를 살펴본 최근 체계적 문헌고찰에 따르면 이런 주장을 뒷받침할 **어떤** 근거도 없었다.[264] 한발 더 나아가 과학자들은 알칼리성 환경에서 암을 계속 배양하는 데 성공했다.[265]

따라서 설령 우리가 몸의 pH를 바꿀 수 **있다 하더라도** 아무것도 치료하지 못한다!

알칼리성 식이요법으로 암을 치료한다는 식의 영양 헛소리를 보면 **몹시** 화가 난다. 이런 주장은 암에 걸린 사람의 공포와 불안을 먹잇감으로 삼는다. 이런 주장을 하는 사람들은 암에 걸려 죽은 사람이 다른 식이요법을 따랐다면 살았을 것이라 암시하면서 환자에게 비난의 화살을 돌린다.

그리고 이런 주장은 사람들이 기존에 공인된 치료법을 무시하도록 만드는 데 직접적인 책임이 있다. 우리가 **정면으로** 비판해야 하는 헛소리다.

알칼리수도 마찬가지로 헛소리다

무엇이 먼저인지는 모르지만 알칼리성 식이요법이나 알칼리수는 모두 동전의 양면이다. 우리는 상점에서 너무 손쉽게 알칼리 생수를 구매할 수 있을 뿐만 아니라, 수돗물을 여과하고 알칼리화하는 가정용 기계를 살 수도 있다. 이런 기계가 최대 5천 파운드약 800만 원라는 **파격 세일가**로 판매되는 모습도 쉽게 볼 수 있다. 이 특별한 물이 할 수 있다는 역할을 몇 가지 살펴보자.

- 노화를 되돌림
- 면역 체계에 도움
- 체중감량(이게 없으면 어떤 효능 목록도 완성되지 않는다)
- 암 치료
- 해독
- 탈모 해결
- 골다공증 치료
- 신장 결석 예방

하지만 이 중 어느 것도 사실이 아니다.

그뿐만 아니라 걱정스러울 만큼 많은 회사가 약탈적인 다단계로 알칼리수 기계를 팔아 '사업에 동참'하라고 속이면서 여러 대를 사들여 친구나 가족에게 떠넘기게 한다. 알칼리수는 알칼리성 식이 요법에 이은 비과학적 헛소리일 뿐이다. 건강에는 일반 물과 전혀 차이가 없다.

모호한 점이 있을까 덧붙이자면, 알칼리수의 유일한 이점은 위산 역류 증상을 개선할 **수도 있다**는 것이다. 한 실험실 연구에 따르면 특히 pH 8.8의 알칼리수가 약간의 이점이 있었다.[266] (우리가 구매하는 알칼리 생수는 대부분 그 근처에도 미치지 못한다.) 하지만 위산 역류 증상이 있는 사람의 증상 완화를 보이는 실제 연구는 하나도 없다. 알칼리수를 자주 마시면 위장에 좋지 않은 증상을 유발한다고 알려져 있으며, 실제로 세계보건기구는 알칼리수를 자주 마시지 말라고 권고한다.[267] 속쓰림 증상을 관리하는 데는 더 안전하고 저렴하고 믿을 만한 방법이 많다. 괜한 돈 낭비 하지 마시라.

"인공감미료는 암을 유발한다"?

인터넷 건강 전도사들의 이야기를 너무 많이 들으면 인공감미료가 글루텐 다음으로 나쁘다고 믿게 된다. 그렇지 않다. 정말이다. 인공감미료가 왜 해롭지 않은지는 앞서 다뤘지만(123쪽 참고) 구체적으로 암과 관련해 살펴보겠다.

암과 관련해 특히 걱정되는 인공감미료는 다이어트 콜라의 단맛으로 유명한 아스파탐이다. 아스파탐이 몸에서 분해되면 소량의 포름알데히드가 생긴다. 포름알데히드는 암을 유발한다고 알려져 있고 시체를 방부처리하는 데도 사용된다. 잠깐, 그렇다면 아스파탐이 암을 유발한다는 증거가 없다는 점과[268] 상반되는 이 사실을 어떻게 받아들일 것인가?

자, 맥락이 정말 중요하다. 우리 몸은 실은 하루에 다이어트 콜라 한 캔보다 1000배 많은 포름알데히드를 생성한다. 이 포름알데히드는 아미노산(단백질을 만드는 데 사용됨)으로 분해되고, 남은 것은 모두 소변으로 배설된다. 과일 주스 한 잔을 마시면 다이어트 콜라 한 캔을 마셨을 때보다 5배 많은 포름알데히드가 생기지만, 과일 주스가 암을 유발한다는 말을 들어본 사람이 있는가? (글쎄, 어떤 사람들은 실제로 그렇게 말할지도 모르지만 구글에 검색해 보지는 않을 것이다. 더 혈압이 오를 테니 말이다.) 방부제나 자동차 유리 워셔액(둘 다 권하지 않겠다)을 마시는 것이 아니라면 포름알데히드는 걱정할 필요가 없다. 특히 아스파탐에서 생긴 것이라면 더욱 그렇다.

다른 인공감미료는 어떨까? 제한적이지만 몇몇 연구를 살펴본 두 가지 검토 논문에서는 이 질문에 답하려 했지만 어떤 연관성도 발견하지 못했다.[269, 270] 영국 암연구소 역시 인공감미료가 암 발생 위험을 늘리지 않는다는 분명한 견해를 고수한다.[271]

누군가 다이어트 콜라를 권할 때 암 발생 위험은 전혀 염두에 두지 않아도 된다.

"붉은 고기와 가공육은 암을 유발한다"?

2015년에 세계보건기구 산하 국제암연구기관(IARC)은 가공육을 1군 발암물질로, 붉은 고기는 2A군 발암물질로 분류했다. 베이컨이 '흡연만큼' 몸에 해롭다고 주장하는 헤드라인은 그다지 믿음이 가지 않지만 여전히 많은 신문에 등장해 상당한 공포감을 일으킨다. 국제암연구기관의 분류가 실제로 무슨 의미인지 제대로 이해하지 못한 탓에 다양한 반응이 나왔지만, 인터넷 신문 기사에 달린 댓글 중 내가 가장 좋아한 것은 다음 문장이다.

> "내게서 베이컨을 뺏을 수 있다고 생각하다니. 과학자들, 다시 생
> 각해 보는 게 좋을걸!"

국제암연구기관은 그들 말대로라면 '증거 기반 암 예방법 제공'을 위한 국제기구다. 그들은 암을 유발하는 효과를 살펴본 연구의 숫자에 따라 여러 물질을 다음과 같이 분류했다.

- 1군: 사람에게 암을 유발하는 물질
- 2A군: 사람에게 암을 유발한다고 추정되는 물질
- 2B군: 사람에게 암을 유발할 가능성이 있는 물질
- 3군: 사람에게 암을 유발한다고 분류할 수 없는 물질

- 4군: 사람에게 암을 유발하지 않는다고 추정되는 물질

　여기서 '물질'이라는 말은 약물·방사선·바이러스·식품은 물론 직업·생활습관 같은 다양한 요인을 포괄한다. 이 물질이 속한 범주는 실제 위험 정도가 아닌, 발암물질이 확실한지에 대한 대략적인 정도만 나타낼 뿐이다. 예를 들어 능동적 흡연과 수동적 흡연(간접흡연)은 모두 1군이지만 위험 정도가 다르다는 사실은 분명하다. 둘 다 암을 유발할 수는 있지만 능동적 흡연의 위험은 훨씬 크다.

　위험은 재미있는 개념이다. 우리는 살아온 경험의 결과로 위험을 과대평가하거나 과소평가하는 경향이 있다. 그 평가가 꼭 빗나가지는 않지만, 때로 우리가 부여하는 가치와 다른 사람이 부여한 가치는 다를 수 있다. 한 가지 예를 들어보자. 여러 유럽 국가에서 흡연하는 의료 전문가는 일반인보다 많다.[272] 의료 전문가는 비교적 흡연의 위험을 잘 이해하고 있을 것 같은데 흡연하는 이유는 무엇일까? 솔직히 말하자면 직업상 매일 너무 많은 질병에 노출되기 때문이라고 생각한다. 자신의 건강 위험에는 무뎌지는 것이다. 진짜 이유가 무엇이든(그리고 한 가지 이상의 이유가 있을 것이라 확신한다) 대단히 흥미롭지만 상당히 우려할 만하다고 생각한다.

　그렇다면 우리는 암에 대해 어떻게 생각해야 할까? 햇빛은 1군 발암물질이지만 그렇다고 밖에 나가면 안 될까? 절대 그렇지 않다. 평생 실내에 머무는 것이 장기적으로 건강에 훨씬 해롭고, 필

요할 때 자외선 차단제를 바르면 위험을 줄일 수 있다. 그렇다고 이런 위험에 심드렁해져도 된다는 말은 아니다. 하지만 목표로 삼아야 할 합리적인 중간 지대가 분명 있다.

가공육부터 시작해 보자. 가공육에는 베이컨, 소시지, 살라미, 햄이 포함된다. 국제암연구기관은 가공육이 대장암 위험을 늘린다는 결과를 보고 2015년 가공육을 1군 발암물질로 분류했다. 가공 중 첨가되는 아질산염이라는 화합물 때문일 것이다.

매일 가공육 50g(베이컨 1.5줄)을 먹으면 대장암 위험이 **상대적으로** 18% 올라간다고 추정된다.[273] 무서운 숫자로 들리지만, 위험을 이해하기가 얼마나 어려운지 말했던 것을 기억하는가? 평생 대장암 진단을 받을 **절대적** 위험은 약 5%에서 시작한다. 이 숫자에서 **상대적으로** 18%가 늘어난다는 것은 5%에서 6%로 늘어난다는 뜻이다. 상대적 위험과 절대적 위험의 차이는 혼란을 줄 수 있다. 흔히 상대적 위험을 강조한 헤드라인이 더 무섭게 보이는 이유다.

지나친 공포는 잘못된 감정이지만 절대적 위험이 늘어나는 것은 매우 중요한 문제이므로, 우리는 이 현상을 여전히 심각하게 받아들여야 한다. 절대적 위험이 1%만 늘어도 영국 인구로 계산하면 대장암 환자가 50만 명 더 늘어난다는 의미다. 식단에서 가공육을 완전히 뺄 필요는 없지만 줄이는 것이 분명 현명한 생각이라는 일반적인 조언을 드리고자 한다.

붉은 고기(스테이크 등)는 이야기가 좀 더 복잡하다. 국제암연구

기관은 붉은 고기를 '사람에게 암을 유발한다고 추정되는 물질'이라 보고 2A군 발암물질로 분류했다. 연구에서는 붉은 고기를 섭취하면 암 발생 위험이 늘어난다는 연관관계가 일관되게 확인되었다. 무엇보다 이 둘의 연관을 나타내는 잠재적인 메커니즘도 확인되었다.

지금으로서는 확실한 인과관계가 있는 것은 아니다. 붉은 고기와 대장암 사이에 연관관계가 확인되었지만 붉은 고기가 실제로 암을 **유발**한다고 간단히 말할 수는 없다는 말이다. 연구에 따르면 일반적으로 붉은 고기를 많이 섭취하는 사람은 섬유질을 적게 섭취하고 흡연할 가능성이 크다.[274] 섬유질이 대장암 위험을 줄일 수 있고 흡연은 위험을 확실히 늘리므로 이런 요인을 분석에서 완전히 배제하기는 어렵다.

과일과 야채를 많이 먹더라도 붉은 고기 섭취를 줄이는 편이 건강에 좋다는 결론을 내릴 수 있는 증거는 충분하다. 일주일에 정확히 얼마만큼의 붉은 고기를 권장하는지는 나라에 따라 다르지만 완전 육식 다이어트를 하지 말아야 한다는 점은 분명하다.

"유제품은 암을 유발한다"?

유제품이 처음에 어떻게 암과 엮이게 되었는지 살펴보면, 건강에 대한 해결책을 찾으려는 열망이 어떻게 음식을 약으로 만드는 길로 이어지는지 알 수 있다. 또한 아주 똑똑한 사람도 어떻게 확증 편향(215쪽 참고)에 흔들리게 되는지도 볼 수 있다.

임페리얼칼리지런던의 지구화학 교수이자 영국지질조사국의 수석과학자인 제인 플랜트Jane Plant는 1987년 처음 유방암 진단을 받았다. 그 후 알 수 없는 여덟 번의 재발을 겪었다. 1993년 다섯 번째로 재발을 겪은 제인은 중국 시골 여성들의 유방암 발생률이 낮다는 글을 읽고 그들이 유제품을 덜 먹기 때문이라고 결론 내렸다. 중국 여성들의 유방암 발생률이 낮은 데는 그럴듯한 이유가 많이 있었기 때문에 그런 결론은 좀 이상하다. 중국 시골 여성은 영국인보다 음주를 훨씬 덜 하고(유방암 발생 위험을 줄인다고 알려졌다[275]) 더 어린 나이에 임신할 가능성이 큰데, 이는 지난 50년 동안 유방암의 예방 요인이라고 알려진 것이다.[276] 마지막으로 중국 시골에서는 유방암 진단에 대한 접근성이 훨씬 낮다. 간단히 생각해 봐도 진단하지 않으면 암 발생률이 낮게 나타나는 것은 당연하다.

그런데도 제인은 식단에서 유제품을 모두 빼기로 했고 12개월이 지나지 않아 암은 다시 완화 판정을 받았다. 그동안 내내 항암화학요법을 받았지만 제인은 유제품이 **분명** 문제였다며 그 이유를 찾는 확증 편향에 빠졌다. 제인이 내린 결론은 다음과 같았다.

- 유제품을 먹으면 몸이 산성화되어 암 발생 위험이 커진다는

주장이다. 하지만 우리는 이것이 완전히 헛소리라는 것을 안다. 앞서 살펴본 것처럼(245쪽 참고) 식품은 이런 식으로 몸의 pH를 바꾸지 못한다.

- 우유에는 유방암을 유발하는 IGF-1(인슐린 유사 성장 인자 1)이라는 호르몬이 들어 있다는 주장이다.

두 번째 이론은 첫 번째 이론보다 좀 더 논리적이지만 여전히 철저히 따져봐야 한다. 사실부터 시작해 보자. 우유에는 **실제로** IGF-1이 들어 있다. 연구에 따르면 암세포 성장에 일정 역할을 한다고 알려진 호르몬이다.[277] 시작부터 상당히 불리해 보이지만, 대부분의 의학적 사실과 마찬가지로 여기에는 그 이상 다른 고려 사항이 있다. IGF-1은 세포 성장과 분열을 촉진하는 중요한 역할을 한다. 따라서 몸속 거의 모든 조직은 IGF-1을 상당히 많이 생산하고, 혈액에는 항상 상당한 양의 IGF-1이 흐른다. 암은 생존력이 매우 강하고 IGF-1을 유리하게 사용할 수 있다는 사실을 안다. 하지만 당과 마찬가지로 암이 IGF-1을 이용한다고 이 물질이 애초부터 암을 유발한다는 말은 아니다.

그렇다면 유제품의 IGF-1은 암을 유발하는가? 우유 한 잔에 들어 있는 IGF-1은 우리 몸이 매일 생산하는 IGF-1의 0.015%도 되지 않을뿐더러,[278] 어떻게 섭취하든 IGF-1은 장에서 분해된다. 결국 유제품의 IGF-1은 흡수되지도 못한다는 말이다.[279]

제인의 이론 중 근거가 탄탄한 것은 하나도 없는데도, 과학 권위자라는 지위 덕분에 유제품을 끊으면 유방암을 예방하고 치료할 수 있다는 책을 2000년대 초에 두 권이나 낼 수 있었다. 제인이 식단을 바꾸는 동안 기존 치료법을 거부하지 않고 항암화학요법을 받았다는 사실은 그의 이야기를 믿는 사람들에게는 잊힌 것 같다.

책이 출간되고 몇 년 후 유제품과 암의 관계에 대한 새로운 주장이 제기되었다. 잠시 살펴보고 이 주장의 문제도 파헤쳐 보겠다.

유방암 발생은 주요 성호르몬인 에스트로겐의 영향을 받는다. 비교적 복잡한 이 주제를 간단히 살펴보면, 평생 에스트로겐에 더 많이 노출되고 완경 이후에도 에스트로겐이 높게 유지되면 유방암 발생 위험이 증가할 수 있다.[280] 여기에 더해 우유에는 소량의 에스트로겐이 포함되어 있다. 유제품을 두려워할 이유가 또 늘었다! 하지만 다행히도 이 사실은 전혀 우려할 필요가 없다. 지방을 제거하지 않은 자연 상태의 우유 한 잔에 있는 에스트로겐은 여성의 몸이 하루에 정상적으로 생성하는 에스트로겐보다 2만 8000배 **적다**. 유방 조직에 생리적 영향을 미치기에는 안타까울 정도로 적은 양이다.[281]

유제품이 암을 유발한다는 주장을 뒷받침하는 증거는 그야말로 존재하지 않는다.[282] 누가 어떤 논거를 사용하든 말이다. 오히려 우유를 마시면 실제로 대장암 발생 위험이 **낮아지는** 것으로 나타났다.[283] 유제품은 아주 좋은 칼슘 공급원이고 갑상선 기능에 매우 중요한 요오드의 주공급원이기도 하다. 우유를 적으로 몰아가는 행동은 그만두어야 한다.

"단식하면 암을 예방하고 치료할 수 있다"?

앞서 189쪽에서 자가포식과 간헐적 단식이라는 주제를 이미 다뤘지만, 이 주제를 암과 관련해서 살펴보자.

간단히 복습하자면 자가포식은 주로 세포를 재생하고 유지해 교체할 필요가 없게 하지만 필요한 경우에는 세포 사멸을 촉진하기도 한다.[284] 또한 영양 부족 같은 스트레스 조건에서는 세포 일부를 재활용해 몸의 다른 곳에서 사용하는 데 도움을 주기도 한다.[196]

암에서 자가포식의 역할은 광범위하게 연구되었다. 세포가 손상되면 암 발생 위험이 증가할 위험이 있는데, 자가포식은 이를 방지하는 여러 메커니즘 중 하나다. 하지만 현재 합의된 바에 따르면 자가포식은 종양의 유형과 단계에 따라 암 억제와 암 촉진이라는 이중적이고 상반된 역할을 하는 것으로 보인다.[285] 몸에서 일어나는 자가포식 과정을 확실히 늘릴 수 있더라도(그럴 수는 없다) 바람직한 선택이 아닐 수 있다. 오히려 특정 암이 발생할 위험이 **늘어날** 수도 있다!

단식을 살펴보자. 단식이 암 예방과 치료에 도움이 된다는 이론은 장기간 금식해 자가포식을 자극하면 암 형성을 예방하고 이미 자리 잡은 암을 치료할 수 있다는 주장으로 이어진다. 명확히 하자. 굶어서 자가포식이 늘어도 그저 영양소 재활용 이상의 역할을 한다는 증거는 없다. 자가포식은 암을 예방하거나 치료하지 않는다. 단식을 하면 자가포식의 다른 기능이 늘어날 뿐만 아니라 실제로 암 발생 위험이 증가할 가능성이 있다.

따라서 이 이론은 완전히 쓰레기다. 자가포식은 몸에서 일어나는 중요한 과정이지만, 좋은 일을 과하게 한다고 항상 결과가 더 좋지는 않다!

건강을 위해 굶으라는 사람들은 자신의 주장을 증명하려고 흔히 쥐와 기생충을 대상으로 한 몇 가지 연구를 던져준다. 그들이 사람 대상 연구를 인용할 수 없는 이유는 '사람에게서 자가포식을 제대로 관찰하는 것이 현실적으로 불가능'하기[197] 때문이다. 과학으로 사실을 입증할 수 없는데도 그렇게 많은 주장이 확신을 가지고 만들어진다는 사실은 정말 우스꽝스러워 보인다.

단식을 장려하는 사람들에게 '왜 자가포식을 늘리는 다른 방법은 장려하지 않는지' 묻고 싶다. 운동이나[286] 좋은 수면은[287] 자가포식을 장려하지만, 그런 방법은 돈 벌기가 단식 요법으로보다 훨씬 어렵기 때문일 것이다.

단식을 권하는 이들이 화를 내며 폭발하는 모습을 보고 싶다면 그들에게 **수면 부족**도 자가포식을 늘린다고 말해보는 것도 재미 있을 것이다.[288] 그렇다면 우리는 운동하면서 굶고, 잘 자면서도 못 자야 한다는 말인가? 비과학적이더라도 최소한 일관성은 유지해야 할 텐데 말이다.

좀 더 세심하게 살펴보자. 단식이 항암화학요법과 방사선 요법의 부작용을 개선할 수 있는지 살펴본 몇몇 연구 중 긍정적인 결과를 보여준 몇 가지 사례가 있었다.[289] 여기서 중요한 점은 이 연구들은 소규모로 이뤄졌으며, 한 실험에서는 실험군이 겨우 여섯 명밖에 되지 않았다는 사실이다. 그뿐만 아니라 이들 연구에서는 연이은 5일이라는 긴 단식 기간을 설정했다. 대수롭지 않은 문제가 아니다.

암에 걸렸을 때 의도적으로 단식하면 의도치 않은 체중 감소가 일어날 가능성이 크다는 사실을 인정해야 한다. 안 그래도 암 치료를 받는 동안에는 메스꺼움과 식욕부진 때문에 칼로리를 충분히 섭취하기 어려워 영양실조에 걸리기 쉽다. 앞서 언급한 연구들은 이런 결과 때문에 완전 단식에 대한 윤리적 승인을 얻지 못해서, 대신 환자들에게 가능한 한 아주 낮은 칼로리를 제공하는 식단으로 최대한 금식을 모방해야 했다. 참가자들은 종양학 의사와 공인 영양사의 밀착 감독도 받았다.

단식은 암 환자 대부분에게 매우 해로울 수 있다. 그러므로 의사와 진솔하게 논의하지 않고서 단식을 효과적인 방법으로 여기지 않기를 바란다.

"주스로 암을 치료한다"?

소셜미디어에서 백혈병 같은 암 진단을 받은 어린이의 고충을 담은 게시물을 보면 정말 마음이 아프다. 그만큼 마음 아픈 점은 부모가 아이들을 치료하려는 고통스러운 시도로 주스 요법을 시행하는 일이 점점 보편화되고 있다는 사실이다.

이런 계정에서 최근 게시물을 살펴볼 때마다 가슴이 철렁한다. 대개 아이가 빨대로 셀러리 주스를 먹는 사진이 있을 것이다. 지난 몇 년간 셀러리 가격이 얼마나 치솟았는지 아는가? 이것은 '의료 영매Medical Medium'로 잘 알려진 앤서니 윌리엄Anthony William이 퍼트린 미신의 직접적인 결과다.

그는 자신이 "시대를 앞서 아주 정확한 건강 정보를 제공하는 연민의 영혼Spirit of Compassion과 대화하는 독특한 능력을 타고났으며, 4세 때부터 이 능력을 활용해 사람들의 상태를 읽고 어떻게 건강을 회복할 수 있는지 알려주었다"라고 주장한다. 지어낸 이야기가 아니다. 그의 웹사이트에서 그대로 복사해 온 것이다.[290] 그는 건강 지식을 알려주는 '영혼'과 대화하는데, 이 지식은 너무 시대를 앞서가서 의사들은 알 수 없다. 그러므로 그저 틀렸다고 치부할 수 없단다. 어휴.

이런 노골적인 영양 헛소리를 주장하는 사람 대부분은 많은 이목을 끌지 못하지만 어쩐 일인지 앤서니는 실베스터 스탤론, 퍼렐

윌리엄스, 귀네스 팰트로, 미란다 커 같은 수많은 유명인과 700만 명이 넘는 소셜미디어 팔로워에게서 광신적인 추종을 받음은 물론 '4차원 가족 카다시안 따라잡기 *Keeping Up With The Kardashians*' 같은 방송에 출연하기도 했다. 그는 자신의 저서에서 셀러리가 '가장 심오하고 예방 효과가 좋은 항암 약초'라고 주장하며 '암을 예방하거나 대처하려는 사람'에게 권장량까지 제시한다.[291] 이런 책의 출판이 허용되었다는 사실조차 정말 끔찍하다. 호기심을 갖는 사람들이 있을까 봐 말해두지만, 그의 이야기는 모두 지어낸 것이다.

지금의 주스 요법 인기몰이에는 '의학 영매'가 책임이 있지만, 주스로 질병을 치료한다는 개념은 사실 1920년대 독일계 미국 의사인 막스 거슨Max Gerson에서 시작된 것으로 보인다. 처음에는 소위 편두통 치유법으로 시작되었던 것이 암 치유법으로 바뀌었고 이후 '거슨 요법' 또는 '거슨 다이어트'로 알려지게 되었다. 이 치유법의 규칙은 특권과 심각한 해악이 끔찍하게 혼합되어 있다.

- 하루 9kg의 고칼륨 저염 유기농 과일과 야채를 주스로 만들어 먹는다(유기농이 아니면 절대 마법이 작동하지 않는단다).
- 고기는 금지다.
- 매일 3회~4회 커피 관장(커피를 직장에 주입)을 한다. 이렇게까지 해야 한다고?!
- 완벽하게 하려면 매일 보충제(칼륨 포함)를 복용한다.

위에서 언급한 잠재적 위험으로도 충분하지 않다면, 자칭 '거슨 치료사'들이 항암화학요법을 받지 말라고 한다는 말을 들어보자. 항암화학요법은 '면역계를 손상'하고 거슨 요법을 망치기 때문이란다. 위험한 사기꾼들이다. '의학 영매'도 이렇게까지 말하지는 않았다.

과일과 야채가 간을 청소하거나 해독한다는 사실을 뒷받침할 증거가 하나도 없는데도 거슨 옹호자들은 그렇다고 주장한다. 분명 사실이 아니다. 비슷한 작용을 하는 유일한 일은 술을 끊는 것이다. 여기서 누군가 '정화cleanse'나 '해독detox' 같은 말을 사용한다면, 실은 자기가 무슨 말을 하는지 모른다고 봐도 된다. 이런 말은 식품의 맥락에서 아무런 의미가 없기 때문이다. 과일과 야채는 몸에 좋지만 매일 그렇게 많이 섭취하면 다른 다양한 식품을 먹을 여유가 없어진다. 단백질 부족으로 영양실조에 걸리기 쉽다. 암과 싸우는 동안 원하는 상태는 아닐 것이다.

커피 관장은 매우 해로울 수 있으며 특히 그들이 권장하는 빈도에서는 더욱 그렇다. 관장을 자주 하면 변비와 대장염(장의 염증)을 유발할 수 있다. 커피 관장이 대장을 해독한다는 주장도 헛소리다. 대장 건강을 증진하는 가장 좋은 방법은 아이러니하게도 과일과 야채를 많이 먹는 것이다. 하지만 주스로 만들고 섬유질을 모두 제거해 버리면 소용없다!

'거슨 치료사'들이 특히 칼륨에 주목하는 것은 나트륨(소금)을 칼륨보다 너무 많이 먹어서 암이 유발된다고 믿기 때문이다. 이는 완전히 헛소리일 뿐만 아니라 명백히 몸에 해롭다. 칼륨을 너무 많이 섭취하면 신장에서 빨리 제거할 수 없어(과잉 보충하면 충분히 가능한 일이다) 심장 두근거림, 부정맥, 심장 돌연사라는 위험을 유발한다. 함부로 시도할 것이 아니다.

이래도 당신을 설득하기에 충분하지 않을까 봐 덧붙이자면, 식이요법을 조사한 2014년 연구에서는 이런 방법이 암에 효과가 있다는 어떤 증거도 발견하지 못했다.[228]

암에 걸린 아이가 커피 관장을 받는 모습은 본 적이 없어서 다행이다. 하지만 너무 많은 부모가 속아서 아이들에게 주스 요법을 시키고 기존 치료법을 거부한다는 사실은 두렵다. 이것이 내가 이 모든 헛소리와 싸우는 여러 이유 중 하나다.

"유기농 식품을 먹으면 암 발생 위험이 줄어든다"?

그렇지 않다. 유기농 식품을 구매하는 사람들은 건강한 생활습관을 지키고 더 높은 사회경제적 계층에 속할 가능성이 크다. 이 두 가지는 모두 독립적으로 암 발생 위험을 줄이는 요인이다.

유기농 식품은 특권의 일종이다. 왜 그런지 설명해 보겠다. 유기농 식품을 구매하기 좋아하고 내 말에 반발하는 분들께 **왜** 유기농 식품을 선택하셨는지 묻겠다. 가장 가능성 큰 이유는 유기농이 건강에 더 좋다는 말을 들었기 때문일 것이다. 하지만 정말 그런가? 최근에는 유기농 식품의 가격이 다소 내렸지만 여전히 일반 식품보다는 상당히 비싸다. 그렇다면 좀 더 현명하게 돈을 쓰시도록 감히 다음과 같은 단순한 사실을 알려드려도 괜찮겠는가?

유기농 식품이 일반 식품보다 더 안전하거나 건강에 좋다는 증거는 전혀 없다.[292]

하지만 최근 연구에 따르면 유기농 식품을 가장 많이 섭취하는 사람은 가장 적게 섭취하는 사람보다 암 발생 위험이 24% 낮았다.[293] 이유를 설명해 보겠다. 뉴트리네-상테NutriNet-Santé 코호트 연구에서는 프랑스의 중년 성인 6만 9천 명을 대상으로(78%는 여성) 유기농 식품 섭취와 5년간 암 발생 위험을 비교했다. 유기농 식품을 많이 섭취한 이들에게서 암 발생 위험이 24% 낮은 사실은 설득력 있어 보이지만, 인과성을 보이지는 않은 데에는 몇 가지 타당한 이유가 있다.

유기농 식품을 구매하는 사람은 평균적으로 건강한 생활습관을 지킬 가능성이 크다. 위 연구에서도 유기농 식품을 많이 먹는 사람은 운동도 많이 하고 흡연도 적게 하며 섬유질, 야채, 영양소가 많이 든 식단을 따르는 것으로 밝혀졌다. 이런 요인은 모두 암 발생 위험을 줄이는 데 긍정적인 영향을 미친다.

연구자들은 통계 분석에서 이런 요인을 배제하려고 했지만, 생활습관은 복잡한 요인이다. 저자들은 논문 결론에서 이 요인들을 모두 조정할 수는 없었다고 시인하기까지 했다. 그렇다면 이런 문제는 흔히 건강을 살펴보는 대다수의 연구에서도 마찬가지일 텐데, 왜 특별히 이 연구에서 문제가 될까?

내 생각에는 사회경제적 요인 때문이다. 유기농 식품을 살 수 있는 능력이 있으려면 우선 어느 정도의 가용소득이 있어야 한다. 연구에서 유기농 식품을 더 많이 먹는 사람은 월 소득과 직업상 지위가 더 높았다. 우리는 가난 자체가 암의 위험 요인이며[294,295] 이와 관련된 모든 변수를 통제하기란 거의 불가능하다는 사실을 알고 있다.

여러 국가에서 실시한 연구에 따르면 유기농 식품 섭취와 전반적인 암 발생률 사이에는 전혀 연관관계가 없다.[296] 이는 미국 국립 암연구소와 영국 암연구소의 말대로 유기농 식품이 암 발생 위험을 낮추지 않는다는 견해에 동의해야 한다는 의미다. 유기농 식품은 건강 관점에서 거의 무의미하다는 사실과 지금까지 나온 여러 증거로 보건대, 이는 금방 달라질 것 같지는 않다.

"농약이 암을 부른다"?

잠깐, 이는 정말로 그렇지 않은가? 농약이 암을 유발하지 않는다는 말인가?!

내 말이 그 말이다. 농약이 '부자연'이나 '독성'과 동의어가 되면서 농약을 둘러싼 논의에는 엄청난 두려움이 생겼다. 지구상의 거의 모든 것은 일정 한도를 넘으면 해로울 수 있다. 물도 너무 많이 마시면 죽을 수 있다. 혹시 너무 바보같이 들리는가? 더 좋은 예를 보여드린다.

세계에서 가장 널리 사용되는 제초제인 글리포세이트glyphosate는 카페인보다 독성이 30배 낮지만, 우리는 모닝커피를 두려워하지는 않는다. 재래식 농법으로 재배한 식품을 통해 먹게 되는 농약의 양은 독성을 띠는 수치보다 훨씬 낮으므로, 어리석은 두려움이다. 이렇게 접하는 잔류농약은 분명 건강에 부정적인 영향을 미치지는 않는다.

유기 농법에서도 **마찬가지로** 농약(식물이 먹히지 않고 살아남기 위해 생산하는 물질을 포함)을 사용한다는 점에 유의해야 한다. 이런 '천연' 농약은 효과가 낮아 더 많은 양을 사용해야 하므로, 사실 우리는 매일 합성 농약보다 이런 천연 농약을 1만 배 많이 섭취한다.[297] 다행히도 둘 다 아주 안전하다! 유기농으로 재배했든 재래식 농법으로 재배했든, 우리가 일상적으로 먹는 정도의 야채는 암을 유발하지 않는다.

마지막으로 한 가지 더 환상을 깬다면, 유기농 식품이 환경 측면에서 더 지속 가능하다는 주장도 사실이 아니다. 유기 농법은 흔히 생산량이 더 적기 때문에 동일한 양을 수확하려면 땅이 더 많이 필요하기 때문이다.

"콩을 먹으면 유방암이 생긴다"?

콩은 영양학적으로 상당히 놀랍다. 콜레스테롤 수치를 약간 낮추고 심혈관 건강 지표를 개선할 수도 있다.[298] 음식은 약이 아니라는

사실을 기억해야 하지만, 균형 잡힌 식단에 콩을 포함하는 것은 좋은 생각이다. 콩은 섬유질, 단백질, 비타민, 미네랄 및 다가불포화지방산의 훌륭한 공급원이다. 그런데 콩이 암을 유발한다는 두려움은 어디에서 왔을까?

연구 결과를 오해해서 시작된 주장은 우익의 인종 모욕으로 변질했다. 누구도 예상하지 못한 일이다.

콩은 동아시아가 원산지인 콩과 식물로 매우 다양한 용도로 사용된다. 초밥집에서 나오는 에다마메는 풋콩이다. 풋콩을 익을 때까지 그대로 두면 두부를 만들거나 간장이나 된장 같은 다양한 발효 장을 만드는 기초 재료가 된다.

간장에는 이소플라본isoflavone이라는 물질이 들어 있다. 이소플라본은 성호르몬인 에스트로겐과 화학 구조가 유사한 화합물이다. 에스트로겐에 노출되면 유방암 발생 위험이 커진다고 알려져,[280] 초기에는 콩을 먹으면 비슷한 영향을 받을 수 있다는 우려가 있었다. 여러 설치류 연구에서는 인간의 유방암 세포를 이식한 쥐에게 콩을 먹였더니 암세포가 더 빨리 자란 결과가 나와 이 논의에 불을 지폈다.[299]

우리는 쥐가 아니라는 사실을 기억하기에 딱 좋은 시점이다.

조금 농담했지만, 사실 우리는 설치류 연구를 너무 많이 읽는다. 쥐 연구는 향후 연구의 방향을 잡는 데 큰 도움이 될 수 있지만, 우리는 쥐 연구를 바탕으로 잘못된 결론으로 건너뛰거나, 해서는 안 될 주장을 펼치기도 한다. 설치류 연구를 바탕으로 뻔뻔한 주장을 하는 잘못된 뉴스 기사를 공유하며 이 연구가 '쥐에서' 실시되었다는 중요한 사실을 명확히 밝히는 트위터 계정(@justsaysinmice)이 있기까지 한 상황은 우스꽝스럽기도 하고 걱정스럽기도 하다.

설치류와 사람의 이소플라본 대사가 상당히 다르다는 점이 밝혀졌고,[300] 이소플라본이 실제로는 유방암을 **예방**할 수도 있다고 주장하는 연구도 많다.[301] 특히 어린 나이부터 이소플라본을 섭취하면 더 효과가 있다.[298]

더 살펴볼 수도 있을 테지만 이쯤에서 분명히 해두겠다. 지금은 콩 섭취가 암 발생 위험을 늘리지 않는다는 점에 분명한 과학적 합의가 있다.

두 번째로 다룰 것은 어떻게 콩 섭취가 '소이보이soy boy'라는 말처럼 우익 인종 모욕으로 변질했는지다. 자신 없는 남자들은 이민 정책, 기후 변화, 페미니즘에 대해 자신과 다른 견해를 갖고 있다는 이유로 '남자답지 못한' 다른 남성을 모욕하는 데 이 용어를 사용한다. 정말 웃기는 일이다. 그들은 과학이 자신들 편이며 콩을 먹으면 테스토스테론이 감소해 전형적인 '남성성'이 줄어든다고 경고한다. 하지만 이는 전혀 사실이 아니다.[302]

이 모욕은 왜곡된 남성성은 물론이고 인종차별에 기반을 두고 있다. 아기들은 대부분 유당분해 효소를 가지고 있어 우유 속 유당을 문제없이 소화할 수 있다. 유당분해 효소는 어른이 되면 대부분

사라지지만, 특정 문화에서는 진화를 거치며 이 효소가 살아남았다. 현재 전 세계 인구의 약 3분의 1이 성인이 되어서도 속이 더부룩해지지 않고 우유를 마실 수 있는데, 대부분 북유럽 및 중부유럽 사람들이다.[303] 때문에 백인 민족주의 단체는 우유를 소화할 수 없는 사람들에 대한 우월성을 입증하려는 한심한 시도로 우유를 단숨에 들이켠다. '소이보이'라는 말은 여기서 한 걸음 더 나아가서 아시아인이 지배 국가 사람들보다 야채를 더 많이 먹는다는 이유로 '사내답지 못하고', '나약하고', '지적으로 열등하다'고 깎아내렸던 식민지 시대의 고정관념을 떠올리게 한다.[304] 이번에는 인종차별을 은폐하려는 시도로 '과학'이라는 이름을 끌어오는 것만 다를 뿐이다.

최근 콩과 감자 단백질로 만든 햄버거 제품인 임파서블 버거 Impossible Burger 등 고기 맛이 나는 여러 식물성 제품이 등장하자 사내답게 보이는 데 집착하는 사람들은 이런 제품을 '남성성을 줄이는' 제품의 목록에 넣었다. '소이보이'라는 말을 하는 사람에게는 그 말이 무슨 뜻인지 제대로 말해주기 바란다. 인종차별을 정당화하는 데 사용되는 영양 헛소리는 최악이다.

"땀 억제제가 유방암을 유발한다"?

참고

식품은 아니지만 중요하므로 여기에서 보너스로 다루겠다. 최근 10년간 '천연' 데오도란트나 땀 억제제는 유방암을 일으키지 않기 때문에 더 건강하다는 추세가 이어졌다. 하지만 정말 걱정해야 할 문제일까? 유방암은 보통 유방의 상부 바깥쪽 사분면에서 흔히 발생한다. 겨드랑이와 가까운 부위다. 이 이론은 알루미늄이 든 땀 억제제가 땀샘을 막으면서 겨드랑이 근처 유방에 '독소'가 가둬져 쌓인 후 암을 유발한다고 주장한다. 명확히 말하자면 이 말이 사실이라는 근거는 전혀 없다.[305]

이 '축적된 독소'라는 주장에는 근거가 없다. 게다가 다행히 유방암이 상부 바깥쪽 사분면에서 더 자주 발생하는 이유에 대해 상당히 괜찮은 근거도 있다. 첫째, 그 부위에는 지방이 적고 유방 조직이 많이 포함되어 있으므로[306] 암이 발생할 가능성이 더 크다. 둘째, 이 영역의 유방 조직은 '게놈 불안정성이 더 큰' 것으로 알려져 있는데,[307] 이 영역의 세포 DNA가 안타깝게도 암을 유발할 돌연변이를 모을 가능성이 더 크다는 것이다.

땀 억제제 속 알루미늄의 단 0.012%만이 피부를 통해 흡수된다.[308] 상황에 따라 다르지만 일주일 동안 땀 억제제에서 흡수되는 알루미늄 양은 같은 기간 식품에서 섭취하는 알루미늄보다 40배 적다. 피부의 주요 기능은 장벽을 치고 외부 물질을 차단하는 것이다. 다행히도 피부는 그 역할을 상당히 잘한다.

따라서 데오도란트나 땀 억제제는 원하는 대로 무엇이든 구매해도 상관없다. 알루미늄이 없는 제품이 건강에 좋다는 헛소리를 따라 사지는 말라. 괜한 돈을 쓸 필요는 없다.

우리가 먹는 모든 것은 암을 유발하는가?

이 질문에 대한 간단한 대답은 분명 '아니오'이지만, 이 이야기를 꺼내는 데는 이유가 있다.

오래된 미국 요리책에서 무작위로 선택한 50가지 재료를 조사해 그중 암과 관련 있는 것이 얼마나 많은지 조사한 아주 흥미로운 연구가 있다.[309] 연구 결과 무려 80%의 재료가 어떤 식으로든 암과 관련 있다는 연구가 하나 이상 있었고, 이런 연구 중 40%는 그 재

료가 암 발생 위험을 늘린다는 결론을 내렸다. 특별한 재료도 아니다. 밀가루, 감자, 토마토, 소고기, 완두콩 같은 흔한 품목이었다.

암은 **매우** 복잡하며, 암 발생에 영향을 미치는 요인은 다양하다. 우리가 깨닫지 못해도 여러 요인 때문에 연구 결과가 잘못될 수 있다는 뜻이다. 토마토처럼 유익한 식품도 다양한 연구를 살펴보지 않고 입맛에 맞는 한 가지만 꼭 집어서 본다면 암을 유발한다고 여겨질 수 있다.

인터넷에서 어떤 정보를 볼 때는 이 사실을 잘 기억해 두자. 가공육처럼 개별 식품이 다른 식품보다 암 발생 위험에 더 큰 영향을 미칠 수는 있지만, 가장 큰 결정 요인은 전반적인 식습관이다. 식품의 역할을 중요하게 여기되 너무 멀리 나가지는 말자. 기억하라. 음식은 약이 아니다.

8

음식과의 관계 개선하기

책을 다 읽고 난 기분은 어떤가? 괜찮은가? 건강과 영양에 대한 믿음에 한꺼번에 도전하기는 너무 힘들다고 느껴질 수도 있지만, 도움이 된다면 반창고를 떼어낼 때처럼 힘들어도 진실을 밝혀야 한다. 힘들다고 미룰 필요가 있을까?

반창고를 뗄 때 우리는 보통 전면에 드러날 준비가 된 진실이 무엇인지 안다. 음식은 약이 아니고 체중은 건강을 정의하지 않는다는 사실을 처음 마주했을 때의 나와 같다면 당신은 스스로 아직 전혀 준비되지 않았다고 **느낄** 수도 있다. 공감하는 분들을 위해 잠시 말씀드리겠다.

체중감량을 위해 몇 달에서 몇 년을 보내며 끝없는 영양 헛소리에 노출되면 음식과 우리의 관계는 큰 타격을 입는다. 다이어트를 하지 **않을** 때도 우리는 '건강'이라는 탈을 쓴, 뚱뚱함에 대한 두려움을 바탕으로 음식을 선택한다. '옳다'고 믿었던 사실에 균열이 생기기 시작하면 세상이 무너지는 것 같다. 나도 그랬다. 하지만 힘들어도 감수할 가치는 있다. 약속한다.

개인의 배경이나 경험과 관계없이 음식과 우리의 관계를 회복하

는 첫 번째 단계는 잘못된 정보에 도전하는 행동이라고 단호하게 말할 수 있다. 자신이 알코올 중독자라고 인정하는 것이 중독에서 벗어나는 데 꼭 필요한 첫 단계인 것과 마찬가지다.

앞서 우리가 다루지 못한 게 있던가? 언급하지 못한 몇 가지를 떠올릴 수도 있겠다. 한 가지 예를 들어 남은 걱정거리를 해결해 드릴 테니 안심하시라. 새로 등장할 헛소리에 대처할 방법도 알려 드리겠다.

저녁 6시 이후에는 탄수화물을 먹으면 안 된다는 말을 들어본 적이 있는가? 분명 그랬을 것이다. 정확한 주장은 6시 이후에 탄수화물을 먹으면 살찐다는 것이다. 하지만 우리는 체중을 늘리는 특정 다량영양소를 비난하는 행동이 왜 근시안적인지 이미 **상세히** 다뤘다. 하루 중 특정 시간대가 왜 장이 음식을 소화하는데 효과적인지 정말 속속들이 알아야 할까?

우리는 음식과 우리 사이의 관계에 부정적인 영향을 미치는 것에 도전하기 위해 이런 주장들을 전부 세세하게 알 필요는 없다는 사실에 익숙해져야 한다.

다이어트 문화는 우리를 끌어들이고 무언가를 팔기 위해 언제나 새로운 방법을 찾을 것이다. 오후 6시 이후에 탄수화물을 먹지 말라는 주장은 말도 안 되는 또 하나의 규칙일 뿐이다. 음식과 좋은 관계를 맺는다는 건 불필요한 규칙이 많아지는 게 아니라 **줄어든다는** 의미다. 음식과 좋은 관계를 맺으면 식사 시간이 편안해진다.

두려움이 당신의 음식 선택을 지배하도록 놓아두지 않고 음식이 건강에 미치는 영향을 고려할 수 있게 된다. 너무 이상적으로 들릴 수도 있지만 모두 이룰 수 있는 목표다. 아무도 우리에게 이런 주장이 사실이 아니라고 거짓말하지 못 하게 해야 한다.

이제 이렇게 생각할 수 있다. '대단해! 엄청난 영양 헛소리가 항상 문제라고 직감했지만 몇 년이나 그걸 믿어왔어. 그럼 이제 어떡하지?' 자, 당신에게 분명 도움이 될 몇 가지 개념을 소개하겠다.

모든 음식을 무조건 허용해 보자

폭식할까 봐 집에 쌓아두지 못하는 음식이 있는가? 프링글스는 최근까지 나를 지배했다. 광고 문구를 기억하는가? "한번 열면 멈출 수 없어!" 우리는 말이 얼마나 큰 힘을 갖는지 자주 잊는다. 어린 시절의 경험까지 더해지면(24쪽 참고) 배가 불러도 계속 먹게 된다.

몸이 불편해지면 죄책감과 수치심이 따라온다. 수치심이 일면 통제할 의지력이 없으니 다시는 사지 않겠다는 규칙을 설정하게 된다. 몇 주가 지나면 나는 '실수로' 규칙을 어기고 또 배불리 먹는다. 익숙한 악순환 아닌가?

요즘은 다행히도 무자비한 폭식을 두려워하지 않고 프링글스를 찬장에 쌓아둘 수 있다. 이렇게 바뀐 이유는 처음에는 언뜻 이해되지 않을 수도 있지만, 한번 들어보시라. 나는 먹을 수 있는 양에 대해 더 많은 규칙을 설정하기보다는, 원하는 만큼 먹을 수 있도록 무제한의 자유를 허용했다.

사람들은 음식을 '무조건 허용'한다는 개념에 놀란다. 제한과 체중감량이라는 메시지를 끊임없이 강요하는 사회에 산다는 점을 볼 때 충분히 예측할 수 있는 반응이다. 폭식-제한으로 이어지는 악순환은 의지력과 통제력을 더 많이 발휘한다고 해결할 수 없다. 그렇게 하면 오히려 더 많은 문제가 발생한다. 많은 이들에게 통제가 섭식 장애의 주된 요인이라는 사실은 우연이 아니다.

이 접근법을 처음 시도했을 때도 나는 한동안 프링글스 한 통을 다 먹었다. 차이점은 무조건 허용하자 죄책감과 수치심이라는 감정이 줄어들기 시작했다는 점이다. 시간이 지나며 한 통을 다 먹어도 기분이 나아지지 않기 때문에 더는 한 통을 다 먹지 않게 되었다. 내 몸이 실제로 어떻게 느끼는지 **귀 기울이기** 시작했고 몸이 불편해지는 지점까지 가지 않게 되었다.

프링글스를 너무 많이 먹는 것이 건강에 좋지 않다는 점은 분명하다. 내가 거친 과정 중 어느 것도 여기에 이의를 제기하지 않는다. 음식과 건강한 관계를 맺는다는 궁극적인 목표는 더 영양가 있는 식품을 **많이** 먹고 프링글스 같은 식품은 조절하는 것이다. 하지만 무조건 허용하지 않으면 언제나 두려움 때문에 의도적으로 조절하려 애쓰게 된다.

- 두려움 때문에 조절하는 것은 제한이다.
- 제한은 건강을 악화한다.

자유롭게 조절하는 것은 건강한 목표다. 여기서 내 말은 영양가가 덜한 음식을 조절한다는 말이지 살이 다시 찌지 않도록 칼로리를 조절한다는 말이 **아니라는** 점을 기억해야 한다. 역시 건강에 좋지 않은 방법이다.

배고픔을 존중하자

배고픔은 가장 자연스러운 본능이다. 그런데 왜 우리는 배고픔을 무시하는 새로운 방법을 계속해서 찾으려 하는 것일까?

배고픔을 무시하거나 무뎌지게 하려고 노력하면 식품을 직관적으로 선택하기 훨씬 어려워진다. 배가 고파 죽을 지경이면 영양가 있는 음식을 선호하기 어렵다. 음식 및 건강과 나의 관계를 개선하는 것이 목표라면 배고픔을 원치 않는 것으로 여기기보다 배고픔을 존중하며 중요하게 여겨야 한다. 목이 마르면 무언가를 마신다. 배가 고프면 무언가를 먹는다!

"배고픔과 갈증을 담당하는 뇌 부위가 서로 너무 가까워 두 상태를 혼동하기 쉽다"라는 말을 어디선가 많이 들어봤을 것이다. 대중에게 이러한 주장을 밀어붙이는 다이어트 블로그는 이 주장이 어디에서 왔는지 근거를 절대로 제시하지 않는다. 완전히 헛소리이기 때문이다.

배고픔과 갈증이라는 감각은 다른 메커니즘으로 일어난다.[310] 다행이다. 그렇지 않다면 우리는 생물 종으로서 이렇게 멀리 나아가지 못했을 것이다. 배고플 때 뭔가를 마시면 일시적으로 위를 채우고 배고픔 신호를 무디게 해서 장기적으로 몸에 귀 기울이기 어려워진다.

배고픔이 진짜가 아니라는 가설은 버려야 한다.

배부름을 존중하자

어떤 아이가 아이스크림을 먹다가 더는 먹기 싫어지자 먹다 말고 부모에게 돌려주는 모습을 본 기억이 난다. 그 풍경은 이후 계속 내 머릿속에 있다. 내가 마지막으로 그렇게 한 것이 언제였더라! 성인이 되어서는 음식을 다 먹지 않으면 무례하게 보일까 싶어 걱정하지만, 그렇다고 다 먹으면 결국 불편할 정도로 배가 불러지기도 한다. 많은 사람이 그렇듯, 이미 배가 부른 순간을 지나서야 더는 배고프지 않다는 사실을 깨달아 봤자 소용없다.

포만감을 더 쉽게 존중하는 여러 방법이 있다.

- 먹는 동안 산만해지지 않도록 한다. 텔레비전 등 몸의 느낌을 듣기 어렵게 만드는 것에서 멀어지자. 소파에 앉아서 먹는 대신 식탁에 앉아서 먹으면 큰 도움이 된다.
- 천천히 먹으려 노력하고 식사 중 잠깐 멈춰 느낌을 확인한다.
- 음식을 남기는 것을 두려워하지 않는다. 언제든 나중에 먹을 수 있다. 반면 의도적으로 편안하게 느껴지는 배부름 지점을 넘어 조금 더 먹고 싶다면, 당신을 비난하지 않겠다. 남은 맛있는 라자냐 한 조각이 내일은 없을 수도 있으니까. '존중'은 '복종'이 아니라는 사실을 기억하자. 둘은 흑백논리가 아니다.

실제로 해보면 전혀 쉽지 않을 수도 있다. 글로만 보면 쉬워 보일 수 있지만 실천은 전혀 그렇지 않다. 음식과의 관계는 하루아침에 바뀌지 않는다. 시간과 노력이 필요하다. 더 나아지기도 전에 나빠지는 것처럼 보일 수도 있다. 하지만 **분명** 나아질 것이고, 해볼 만한 가치가 있다. 약속한다.

참고

체중감량은 어떨까?

많은 사람이 받아들이기 어려워하는 진실은 음식과 우리의 관계를 적극적으로 회복하려면 살 빼려는 욕망을 접어둬야 한다는 것이다. 왜 그런지 설명해 보겠다. 체중감량 목표를 달성했다고 판단했을 때만 먹도록 허용한다면, 무조건적인 허용이 아니다. 그러면 스스로 정한 하루 칼로리를 초과하지 않았을 때만 배고픔을 존중할 수 있게 되어 버린다. 배부름을 존중한다는 원칙은 사실 배부르지 않은데도 숟가락을 놓는 핑계로 바뀐다. 당신을 비난하려는 게 아니라 내 경험에서 나온 말이다. 이 원칙을 처음 듣고도 내게 세상은 여전히 체중감량을 중심으로 돌아가고 있었다.

체중감량을 원하는 사람들을 비난하려는 것이 아니다. 체중감량은 위험하지 않은 행동도 아니고, 건강함을 나타내지도 않는다는 사실을 알려주려는 것이다(1장 참고). 무엇보다 음식과 우리의 관계를 회복하는 데 집중하자. 그다음 무엇을 할지는 당신의 선택이지만, 체중감량과 관계 회복을 동시에 하려고 하면 효과가 없다.

직관적 식사

앞서 설명한 원칙은 직관적 식사Intuitive Eating에서[311] 가져온 것이다. 직관적 식사는 음식과의 관계를 회복하기 위한 임상적 개입으로 여겨지는 유연한 원칙 체계다. 건강에 도움을 주는 영양의 중요성은 인식하면서도 배고픔과 배부름, 포만감이라는 자연스러운 몸의 신호를 다시 듣도록 돕는 것을 목적으로 한다.

직관적 식사의 목표가 체중감량 다이어트가 **아니**라는 점에 주의하자. 어떤 사람은 몸의 소리를 잘 듣게 되면서 체중이 자연스러운 설정체중(66쪽 참고)에 가까워질 수도 있지만, 이런 결과를 보장할 수도 없고, 이런 결과는 직관적 식사의 핵심도 아니다. 오히려 체중이 늘어날 수도 있다.

1995년 직관적 식사라는 개념이 만들어진 이래 직관적 식사가 심리적, 신체적 건강을 증진하고[312] 폭식 같은 이상섭식행동을 줄인다는[313] 고무적인 연구가 상당히 많이 나왔다. 물론 모든 원칙을 완전히 실행할 수 있다는 것은 어느 정도의 사회경제적 특권이 바탕이 되어야 한다는 사실을 인정해야 한다. 그렇지만 직관적 식사법은 대체로 많은 사람이 혜택을 얻을 수 있을 만큼 매우 유연하다고 생각한다.

무조건 먹기를 허용하고 배고픔과 배부름에 좀 더 귀 기울인다는 생각에 공감한다면 시간을 내어 좀 더 깊이 이 체계를 탐색해볼 것을 강력히 권한다(자료는 290쪽 참고).

우리는 한발 더 나아갈 수 있다

이제 우리는 이 책의 주요 목적을 다시 짚어본다. 영양 헛소리를 꼼꼼히 살펴보고 확인한다는 목적 말이다. 이를 요약하자면 다음과 같다.

1. 음식은 약이 아니다

우리는 처음 이 말로 시작했다. 인터넷에서 오렌지를 먹으면 유방암이 낫는다는 말이나 이 책에서 구체적으로 언급하지 않은 다른 내용을 읽는다면 이제 그 말이 완전히 헛소리일 가능성이 크다는 사실을 알 수 있다. 음식은 약이라는 오해 때문에 수많은 영양 헛소리를 사실이라고 믿기 쉬웠다. 따라서 먼저 이런 말에 도전하는 것이 무엇보다 중요하다.

2. 모든 것은 적당히 하자

당신이 받는 조언이 이 말과 맞지 않다면 그 조언은 버려라. 어떤 식품은 다른 식품보다 건강에 좋지만, 그렇다고 다른 식품은 나쁘다는 의미는 아니다. 가장 좋은 예는 식단에서 어떤 식품군을 모두 빼라고 말하는 사람을 만났을 때이다. 정말 불필요한 일이며 음식과 우리의 관계를 해칠 가능성이 크다. 관계를 회복하는 데 힘쓰고, 두려움을 느끼기보다는 자유롭게 중도를 지키자.

3. 살 빠지는 데 '최고인' 식단은 없다

대부분의 영양 관련 조언은 어떤 형태로든 체중감량을 약속한다(케토제닉 다이어트 같은 것 말이다). 매달 또 새로운 누군가가 해결책을 찾았다고 주장한다(흔히 책으로 돈을 벌려는 의사가 체중과 건강이 동의어라는 잘못된 가정을 이용하기도 한다). 여러 측면을 살펴야 하는 체중의 특성을 무시할 수 있는 마법 같은 다이어트는 없다. 누군가 그런 방법을 찾았다고 주장한다면 무지하거나 그저 거짓말을 하는 셈이다.

그렇다면 '건강한' 다이어트는 어떤 것일까? 나는 스스로 영양 불가지론자라고 생각한다. 사람마다 필요한 영양이 다르다는 말이다. 당신이 누구와 이야기하고, 삶에서 무슨 일이 일어나는지에 따라 건강한 식단은 그때그때 달라질 수 있다.

이 사실을 인정하지만 다른 조건은 모두 같다고 가정하면 일반적으로 가장 건강한 식사법을 찾을 수 있다. 식품에 대한 접근성은 식품 불평등과 사회경제적 요인(46쪽 참고)에 따라 크게 영향을 받으므로, 이런 조언을 글자 그대로 따르지 않는다고 자신이나 다른 사람을 비난할 수 없다는 사실을 항상 기억해야 한다. 다음과 같은 간단한 지침만이 진실이다.

- 야채와 과일을 많이 먹자.
- 섬유질 공급원(곡물, 씨앗, 견과류, 콩류)을 많이 먹자.
- 기름진 생선, 흰 살코기, 달걀, 식물성 단백질(두부 등)을 섭취하자.
- 올리브유와 유채씨유를 섭취하자(여유가 된다면 엑스트라 버진으로).
- 유제품(요구르트, 우유, 치즈)을 섭취하자.
- 설탕, 포화지방, 붉은 육류, 가공육은 적게 섭취하자.

식품에 있어 건강은 특정 기간의 식사 패턴에 영향을 받는다. 한동안 칩이나 디핑 소스, 민스파이 같은 것만 먹었다고 자신을 혼내지는 말라. 가끔은 그래도 괜찮다. 대신 뺄셈 말고 덧셈을 해보자. 영양가 낮은 음식을 빼려 하지 말고 영양가 높은 음식을 더하면 건강을 개선하고 **그러면서도** 음식과 우리의 관계에 도움이 될 것이다. 서로 이익이다. 죄책감과 수치심을 갖고 먹는다면 객관적으로 건강한 식사를 선택해도 전혀 좋을 것이 없다.

음식에는 도덕이 끼어들 자리가 없다. 죄책감과 수치심 때문에 행동을 바꾸면 전혀 도움이 되지 않는다.

감사의 말

당연하지만 되돌아보면 책을 쓰는 일은 생각했던 것보다 훨씬 어려웠다. 오해는 마시라. 책 쓰는 일은 정말 좋았다. 그렇지만 전 세계적 전염병 대유행 시기를 우리가 모두 버티고 살아남은 **후에** 다음 책을 쓸 수 있을까?

내 아름다운 동반자 클레어Claire는 이 책을 쓰는 몇 달 동안뿐만이 아니라 이 모든 일이 시작된 소셜미디어에 진출한 데에도 꾸준히 너그럽게 받아주고 이해해 주었다. 고맙고 또 사랑한다.

우리 가족, 특히 어머니가 아니었다면 지금의 나 근처에도 오지 못했을 것이다. 어머니께 정말 감사드린다. 크리스Chris와 피터Peter, 강아지를 데려와도 산책시키는 걸 너희들에게 전부 맡기진 않는다고 장담했는데 완전히 반대의 일이 일어났지. 너희에게 정말 고맙다.

앨런 플래너건Alan Flanagan, 린도 베이컨, 픽시 터너Pixie Turner는 초고를 살피고 필요한 피드백을 여럿 전해주었다. 여러분의 의견과 조언은 정말 값진 것이었으며 이에 감사의 말을 전하고 싶다.

내게 엄청난 지원을 보내준 친구들은 거리낌 없이 문제를 제기하며 나를 겸손하게 만들어주었다. 얼마나 큰 도움이 되었는지 그들은 알아야 한다.

버밀리언 출판의 전체 팀, 특히 편집자 엠마 오언Emma Owen과 레아 펠트함Leah Feltham, 교열 담당자인 베키 알렉산더Becky Alexander에게도 감사드린다. "나중에요"라고 미루며 내가 하고 싶은 말의 의미를 제대로 전달하지 못했던 데 심심한 사과를 전한다. 열심히 작업하고 기다려준 여러분께 감사드린다.

맥스 파커Max Parker는 첫 출판 회의에서 처음 나를 지지해 주었다. 매니저 앤드류 셀비Andrew Selby, 84월드84world 에이전시의 팀원들은 다소 특이한 괴짜 같은 내 태도에도 불구하고 나를 잘 대변해 주었다.

소셜미디어에서 정기적으로 응원 메시지를 보내주셨던 분들은 내가 다 그만두고 싶을 때 지금 하는 일의 의미를 일깨워 주셨다. 계속해 주시기를 바란다.

마지막으로 '모든 체중에서 건강을'(HAES) 접근법의 공간에서 내가 배우고 도움받았던 모든 이들에게 감사한다. 용기를 내어 의견을 말하면 많은 것을 잃을 수도 있는 자리에서도 특권을 버리고 일하는 이들의 작업이 없었다면 내가 무슨 일을 하고 있는지 몰랐을 것이다. 이들의 도움을 당연하게 여기지 않을 것이다.

더 읽을거리

도서

'모든 체중에서 건강을'(HAES) 접근법

Health at Every Size: The Surprising Truth About Your Weight by Linda Bacon, PhD (《왜, 살은 다시 찌는가》, 와이즈북, 2016)

Radical Belonging: How to Survive and Thrive in an Unjust World (While Transforming it for the Better) by Lindo Bacon, PhD

영양

Is Butter a Carb?: Unpicking Fact from Fiction in the World of Nutrition by Rosie Saunt and Helen West

The Angry Chef: Bad Science and the Truth About Healthy Eating by Anthony Warner

The No Need to Diet Book: Become a Diet Rebel and Make Friends with Food by Pixie Turner

직관적 식사

Intuitive Eating: A Revolutionary Anti-Diet Approach by Evelyn Tribole and Elyse Resch (《다이어트 말고 직관적 식사》, 골든어페어, 2019)

Just Eat It: How Intuitive Eating Can Help You Get Your Shit Together Around Food by Laura Thomas, PhD

Train Happy: An Intuitive Exercise Plan for Every Body by Tally Rye

건강 문제: 과학적/사회경제적 접근

Bad Science by Ben Goldacre (《배드 사이언스》, 공존, 2011)

The Health Gap: The Challenge of an Unequal World by Michael Marmot (《건강 격차》, 동녘, 2017)

웹사이트

'모든 체중에서 건강을'(HAES) 접근법/직관적 식사

https://asdah.org

https://lindobacon.com/_resources/

https://www.intuitiveeating.org

영양

https://www.alineanutrition.com/

섭식 장애

https://www.beateatingdisorders.org.uk

https://www.nationaleatingdisorders.org

팟캐스트

Cut Through Nutrition — Dr Joshua Wolrich & Alan Flanagan

Don't Salt My Game — Laura Thomas, PhD

Food Psych Podcast — Christy Harrison

In Bad Taste — Pixie Turner and Nikki Stamp

Nutrition Matters Podcast — Paige Smathers

Unpacking Weight Science — Fiona Willer

Willing to be Wrong — Dr Joshua Wolrich

참고문헌

1   Marton RM, Wang X, Barabási A-L & Ioannidis JPA. 'Science, advoca-cy, and quackery in nutritional books: an analysis of conflicting advice and purported claims of nutritional best-sellers.' Palgrave Commu-nications 6 (2020) 1–6

2   Cardenas D. 'Let not thy food be confused with thy medicine: The Hip-pocratic misquotation.' e-SPEN Journal 8 (2013) e260–e262

3   Blair Bell W. 'Menstruation and its relationship to the calcium metab-olism.' Proceedings of the Royal Society of Medicine 1 (1908) 291–314

4   Bacon L. *Health at every size: The surprising truth about your weight* (BenBella Books, Inc., 2010). (《왜, 살은 다시 찌는가》, 와이즈북, 2016)

5   The Epidemiology Monitor. 'Highlights From An Australian Interview With Sir Michael Marmot And His Recent Canadian Presentation To Health Economists' (2011). Retrieved from http://epimonitor.net/Mi-chael_Marmot_Interview.htm (accessed Nov 2020)

6   Organisation for Economic Co-operation and Development. 'A Broken Social Elevator? How to Promote Social Mobility.' OECD Publishing (2018) 352

7   Food Foundation. 'The Broken Plate Report' (2019). Retrieved from https://foodfoundation.org.uk/publication/the-broken-plate-report/ (accessed Sept 2020)

8   Corfe S. 'What are the barriers to eating healthily in the UK?' (2018).
    Retrieved from https://www.smf.co.uk/publications/barriers-eat-
    ing-healthily-uk (accessed Sept 2020)

9   Turn2us. 'Living Without: The Scale & Impact of Appliance Pover-
    ty' (2020). Retrieved from https://www.turn2us.org.uk/About-Us/
    Our-Campaigns/Living-Without-Campaign/About-the-campaign (ac-
    cessed Oct 2020)

10 Pampel FC, Denney JT & Krueger PM. 'Obesity, SES, and economic
    development: a test of the reversal hypothesis.' Social Science &
    Medicine 74 (2012) 1073–1081

11 Keys A, Fidanza F, Karvonen MJ, Kimura N & Taylor HL. 'Indices of
    relative weight and obesity.' Journal of Chronic Diseases 25 (1972)
    329–343

12 Burton BT, Foster WR, Hirsch J & Van Itallie TB. 'Health implications
    of obesity: an NIH Consensus Development Conference.' Internation-
    al Journal of Obesity 9 (1985) 155–170

13 Ernsberger P & Koletsky RJ. 'Weight cycling.' JAMA 273 (1995) 998–
    999

14 Troiano RP, Frongillo EA, Sobal J & Levitsky DA. 'The relationship be-
    tween body weight and mortality: a quantitative analysis of combined
    information from existing studies.' International Journal of Obesity
    and Related Metabolic Disorders 20 (1996) 63–75

15 Bhaskaran K, Dos-Santos-Silva I, Leon DA, Douglas IJ & Smeeth L.
    'Association of BMI with overall and cause-specific mortality: a popu-
    lation-based cohort study of 3·6 million adults in the UK.' The Lancet
    Diabetes & Endocrinology 6 (2018) 944–953

16 Flegal KM, Kit BK, Orpana H & Graubard BI. 'Association of all-cause
    mortality with overweight and obesity using standard body mass in-

dex categories: a systematic review and meta-analysis.' JAMA 309 (2013) 71–82

17 Sutin AR, Stephan Y & Terracciano A. 'Weight Discrimination and Risk of Mortality.' Psychological Science 26 (2015) 1803–1811

18 Gujral UP et al. 'Cardiometabolic abnormalities among normal-weight persons from five racial/ethnic groups in the United States: a cross-sectional analysis of two cohort studies.' Annals of Internal Medicine 166 (2017) 628–636

19 Tomiyama AJ, Hunger JM, Nguyen-Cuu J & Wells C. 'Misclassification of cardiometabolic health when using body mass index categories in NHANES 2005–2012.' International Journal of Obesity 40 (2016) 883–886

20 Coelho M, Oliveira T & Fernandes R. 'Biochemistry of adipose tissue: an endocrine organ.' Archives of Medical Science 9 (2013) 191

21 Hardy OT, Czech MP & Corvera S. 'What causes the insulin resistance underlying obesity.' Current Opinion in Endocrinology Diabetes and Obesity 19 (2012) 81–87

22 Stefan N, Schick F & Häring H-U. 'Causes, characteristics, and consequences of metabolically unhealthy normal weight in humans.' Cell Metabolism 26 (2017) 292–300

23 Vissers D et al. 'The effect of exercise on visceral adipose tissue in overweight adults: a systematic review and meta-analysis.' PLoS One 8 (2013) e56415

24 Sweatt SK, Gower BA, Chieh AY, Liu Y & Li L. 'Sleep quality is differentially related to adiposity in adults.' Psychoneuroendocrinology 98 (2018) 46–51

25 Davis JN, Alexander KE, Ventura EE, Toledo-Corral CM & Goran MI. 'Inverse relation between dietary fiber intake and visceral adiposity in

overweight Latino youth.' The American Journal of Clinical Nutrition 90 (2009) 1160–1166

26   Drapeau V, Therrien F, Richard D & Tremblay A. 'Is visceral obesity a physiological adaptation to stress.' Panminerva Medica 45 (2003) 189–196

27   Haleem S, Lutchman L, Mayahi R, Grice JE & Parker MJ. 'Mortality following hip fracture: trends and geographical variations over the last 40 years.' Injury 39 (2008) 1157–1163

28   Chang CS et al. 'Inverse relationship between central obesity and osteoporosis in osteoporotic drug naive elderly females: The Tianliao Old People (TOP) Study.' Journal of Clinical Densitometry 16 (2013) 204–211

29   Meczekalski B, Katulski K, Czyzyk A, Podfigurna-Stopa A & Maciejew-ska-Jeske M. 'Functional hypothalamic amenorrhea and its influence on women's health.' J Endocrinol Invest 37 (2014) 1049–1056

30   Janice P, Shaffer R, Sinno Z, Tyler M & Ghosh J. 'The obesity paradox in ICU patients.' Annu Int Conf IEEE Eng Med Biol Soc 2017 (2017) 3360–3364

31   Intensive Care National Audit & Research Centre. 'ICNARC report on COVID-19 in critical care 29 May 2020' (2020). Retrieved from https://www.icnarc.org/Our-Audit/Audits/Cmp/Reports (accessed June 2020)

32   Matheson EM, King DE & Everett CJ. 'Healthy lifestyle habits and mortality in overweight and obese individuals.' Journal of the American Board of Family Medicine 25 (2012) 9–15

33   Barry VW et al. 'Fitness vs. fatness on all-cause mortality: a meta-analysis.' Progress in Cardiovasc Diseases 56 (2014) 382–390

34   Anderson JW, Konz EC, Frederich RC & Wood CL. 'Long-term weight-loss maintenance: a meta-analysis of US studies.' The American

Journal of Clinical Nutrition 74 (2001) 579–584

35 Wing RR & Phelan S. 'Long-term weight loss maintenance.' The American Journal of Clinical Nutrition 82 (2005) 222S–225S

36 Leibel RL, Rosenbaum M & Hirsch J. 'Changes in energy expenditure resulting from altered body weight.' New England Journal of Medicine 332 (1995) 621–628

37 Kubasova N, Burdakov D & Domingos AI. 'Sweet and Low on Leptin: Hormonal Regulation of Sweet Taste Buds.' Diabetes 64 (2015) 3651–3652

38 Wadden TA et al. 'Short- and long-term changes in serum leptin dieting obese women: effects of caloric restriction and weight loss.' The Journal of Clinical Endocrinology and Metabolism 83 (1998) 214–218

39 Gruzdeva O, Borodkina D, Uchasova E, Dyleva Y & Barbarash O. 'Leptin resistance: underlying mechanisms and diagnosis.' Diabetes Metabolic Syndrome and Obesity 12 (2019) 191–198

40 Lowe MR, Doshi SD, Katterman SN & Feig EH. 'Dieting and restrained eating as prospective predictors of weight gain.' Frontiers in Psychology 4 (2013) 577

41 Andreyeva T, Puhl RM & Brownell KD. 'Changes in perceived weight discrimination among Americans, 1995–1996 through 2004–2006.' Obesity 16 (2008) 1129–1134

42 Sabin JA, Marini M & Nosek BA. 'Implicit and explicit anti-fat bias among a large sample of medical doctors by BMI, race/ethnicity and gender.' PLoS One 7 (2012) e48448

43 Puhl RM & Brownell KD. 'Confronting and coping with weight stigma: an investigation of overweight and obese adults.' Obesity 14 (2006) 1802–1815

44 Adams CH, Smith NJ, Wilbur DC & Grady KE. 'The relationship of

obesity to the frequency of pelvic examinations: do physician and pa-
tient attitudes make a difference.' Women & Health 20 (1993) 45–57

45   Jenkins T. 'Jo attended for cervical smear. Nurse complained
     about fat making it difficult so said she should lose weight before
     she [...]' (2020). Retrieved from https://twitter.com/amnerisuk/sta-
     tus/1318906378153582594 (accessed Nov 2020)

46   Alberga AS, Edache IY, Forhan M & Russell-Mayhew S. 'Weight bias
     and health care utilization: a scoping review.' Primary Health Care
     Research & Development 20 (2019) e116

47   Phelan SM et al. 'The adverse effect of weight stigma on the well-be-
     ing of medical students with overweight or obesity: Findings from
     a national survey.' Journal of General Internal Medicine 30 (2015)
     1251–1258

48   Pearl RL & Puhl RM. 'Weight bias internalization and health: a sys-
     tematic review.' Obesity Reviews 19 (2018) 1141–1163

49   Sikorski C, Luppa M, Luck T & Riedel-Heller SG. 'Weight stigma "gets
     under the skin" – evidence for an adapted psychological mediation
     framework: a systematic review.' Obesity 23 (2015) 266–276

50   Daly M, Robinson E & Sutin AR. 'Does Knowing Hurt? Perceiving One-
     self as Overweight Predicts Future Physical Health and Well-Being.'
     Psychological Science 28 (2017) 872–881

51   Vadiveloo M & Mattei J. 'Perceived Weight Discrimination and 10-
     Year Risk of Allostatic Load Among US Adults.' Annals of Behavioral
     Medicine 51 (2017) 94–104

52   Pearl RL et al. 'Association between weight bias internalization and
     metabolic syndrome among treatment-seeking individuals with obe-
     sity.' Obesity 25 (2017) 317–322

53   Jackson SE, Beeken RJ & Wardle J. 'Perceived weight discrimination

and changes in weight, waist circumference, and weight status.' Obesity 22 (2014) 2485-2488

54 Schvey NA, Puhl RM & Brownell KD. 'The impact of weight stigma on caloric consumption.' Obesity 19 (2011) 1957-1962

55 Jackson SE & Steptoe A. 'Association between perceived weight discrimination and physical activity: a population-based study among English middle-aged and older adults.' BMJ Open 7 (2017) e014592

56 Hilbert A et al. 'Risk factors across the eating disorders.' Psychiatry Research 220 (2014) 500-506

57 Shisslak CM, Crago M & Estes LS. 'The spectrum of eating disturbances.' International Journal of Eating Disorders 18 (1995) 209-219

58 Arcelus J, Mitchell AJ, Wales J & Nielsen S. 'Mortality rates in patients with anorexia nervosa and other eating disorders. A meta-analysis of 36 studies.' Archives Of General Psychiatry 68 (2011) 724-731

59 Raubenheimer D, Lee KP & Simpson SJ. 'Does Bertrand's rule apply to macronutrients.' Proceedings of the Royal Society B: Biological Sciences 272 (2005) 2429-2434

60 Weaver CM & Lappe JM. 'Robert Proulx Heaney, MD (1927-2016).' The Journal of Nutrition 147 (2017) 720-722

61 Fairweather D, Frisancho-Kiss S & Rose NR. 'Sex differences in autoimmune disease from a pathological perspective.' The American Journal of Pathology 173 (2008) 600-609

62 Maines RP. *The Technology of Orgasm* (JHU Press, 2001)

63 Chen EH et al. 'Gender disparity in analgesic treatment of emergency department patients with acute abdominal pain.' Academic Emergency Medicine 15 (2008) 414-418

64 Weisse CS, Sorum PC, Sanders KN & Syat BL. 'Do gender and race affect decisions about pain management.' Journal of General Internal

Medicine 16 (2001) 211–217

65   Fardet A & Rock E. 'Perspective: Reductionist Nutrition Research Has
      Meaning Only within the Framework of Holistic and Ethical Thinking.'
      Advances in Nutrition 9 (2018) 655–670

66   Kalra B, Kalra S & Sharma JB. 'The inositols and polycystic ovary
      syndrome.' Indian Journal of Endocrinology and Metabolism 20 (2016)
      720–724

67   Mach F et al. '2019 ESC/EAS Guidelines for the management of dys-
      lipidaemias: lipid modification to reduce cardiovascular risk.' Euro-
      pean Heart Journal 41 (2020) 111–188

68   Banting W. Letter on corpulence, addressed to the public (Harrison,
      1864)

69   Wadley L, Backwell L, d'Errico F & Sievers C. 'Cooked starchy rhi-
      zomes in Africa 170 thousand years ago.' Science 367 (2020) 87–91

70   BBC. 'The shocking amount of sugar hiding in your food – BBC' (2018).
      Retrieved from https://www.youtube.com/watch?v=eKQWFJmCWZE
      (accessed Aug 2020)

71   Wu X et al. 'Effects of the intestinal microbial metabolite butyrate on
      the development of colorectal cancer.' Journal of Cancer 9 (2018)
      2510–2517

72   Stephen AM et al. 'Dietary fibre in Europe: current state of knowledge
      on definitions, sources, recommendations, intakes and relationships
      to health.' Nutrition Research Reviews 30 (2017) 149–190

73   Joye IJ. 'Dietary Fibre from Whole Grains and Their Benefits on Meta-
      bolic Health.' Nutrients 12 (2020) 3045

74   Hall H et al. 'Glucotypes reveal new patterns of glucose dysregula-
      tion.' PLoS Biology 16 (2018) e2005143

75   Raichle ME & Gusnard DA. 'Appraising the brain's energy budget.'

Proceedings of the National Academy of Sciences 99 (2002) 10237–10239

76 Lustig RH. 'Childhood obesity: behavioral aberration or biochemical drive? Reinterpreting the First Law of Thermodynamics.' Nature Clinical Practice Endocrinology & Metabolism 2 (2006) 447–458

77 Hall KD & Guo J. 'Obesity Energetics: Body Weight Regulation and the Effects of Diet Composition.' Gastroenterology 152 (2017) 1718–1727. e3

78 Hall KD et al. 'Calorie for Calorie, Dietary Fat Restriction Results in More Body Fat Loss than Carbohydrate Restriction in People with Obesity.' Cell Metabolism 22 (2015) 427–436

79 Horton TJ et al. 'Fat and carbohydrate overfeeding in humans: different effects on energy storage.' The American Journal of Clinical Nutrition 62 (1995) 19–29

80 Lammert O et al. 'Effects of isoenergetic overfeeding of either carbohydrate or fat in young men.' British Journal of Nutrition 84 (2000) 233–245

81 McDevitt RM, Poppitt SD, Murgatroyd PR & Prentice AM. 'Macronutrient disposal during controlled overfeeding with glucose, fructose, sucrose, or fat in lean and obese women.' The American Journal of Clinical Nutrition 72 (2000) 369–377

82 Guyenet S. 'Why the carbohydrate-insulin model of obesity is probably wrong: A supplementary reply to Ebbeling and Ludwig's JAMA article' (2018). Retrieved from https://www.stephanguyenet. com/why-the-carbohydrate-insulin-model-of-obesity-is-proba- bly-wrong-a-supplementary-reply-to-ebbeling-and-ludwigs-ja- ma-article (accessed Apr 2020)

83 Organisation for Economic Co-operation and Development. *OECD*

Factbook 2015–2016: Economic, Environmental and Social Statistics (OECD, 2016)

84   Oba S et al. 'Diet based on the Japanese Food Guide Spinning Top and subsequent mortality among men and women in a general Japanese population.' Journal of the American Dietetic Association 109 (2009) 1540–1547

85   Shan Z et al. 'Trends in Dietary Carbohydrate, Protein, and Fat Intake and Diet Quality Among US Adults, 1999–2016.' JAMA 322 (2019) 1178–1187

86   Hales CM, Carroll MD, Fryar CD & Ogden CL. 'Prevalence of obesity among adults and youth: United States, 2015–2016' (2017). Retrieved from https://www.cdc.gov/nchs/data/databriefs/db288.pdf (accessed June 2020)

87   Scientific Advisory Committee on Nutrition. 'Carbohydrates and Health' (2015). Retrieved from https://www.gov.uk/government/publications/sacn-carbohydrates-and-health-report (accessed June 2020)

88   Kreitzman SN, Coxon AY & Szaz KF. 'Glycogen storage: illusions of easy weight loss, excessive weight regain, and distortions in estimates of body composition.' The American Journal of Clinical Nutrition 56 (1992) 292–293

89   Te Morenga L, Mallard S & Mann J. 'Dietary sugars and body weight: systematic review and meta-analyses of randomised controlled trials and cohort studies.' BMJ 346 (2012) e7492

90   Hall KD et al. 'Ultra-Processed Diets Cause Excess Calorie Intake and Weight Gain: An Inpatient Randomized Controlled Trial of Ad Libitum Food Intake.' Cell Metabolism 30 (2019) 67–77.e3

91   Monteiro CA et al. 'The UN Decade of Nutrition, the NOVA food classification and the trouble with ultra-processing.' Public Health Nutri-

tion 21 (2018) 5-17

92 Martínez Steele E, Raubenheimer D, Simpson SJ, Baraldi LG & Monteiro CA. 'Ultra-processed foods, protein leverage and energy intake in the USA.' Public Health Nutrition 21 (2018) 114-124

93 Fazzino TL, Rohde K & Sullivan DK. 'Hyper-Palatable Foods: Development of a Quantitative Definition and Application to the US Food System Database.' Obesity 27 (2019) 1761-1768

94 Morell P & Fiszman S. 'Revisiting the role of protein-induced satiation and satiety.' Food Hydrocolloids 68 (2017) 199-210

95 Keller A & Bucher Della Torre S. 'Sugar-Sweetened Beverages and Obesity among Children and Adolescents: A Review of Systematic Literature Reviews.' Childhood Obesity 11 (2015) 338-346

96 Kaiser KA, Shikany JM, Keating KD & Allison DB. 'Will reducing sugar-sweetened beverage consumption reduce obesity? Evidence supporting conjecture is strong, but evidence when testing effect is weak.' Obesity Reviews 14 (2013) 620-633

97 Malik VS, Pan A, Willett WC & Hu FB. 'Sugar-sweetened beverages and weight gain in children and adults: a systematic review and meta-analysis.' The American Journal of Clinical Nutrition 98 (2013) 1084-1102

98 Pan A & Hu FB. 'Effects of carbohydrates on satiety: differences between liquid and solid food.' Current Opinion in Clinical Nutrition & Metabolic Care 14 (2011) 385-390

99 Almiron-Roig E et al. 'Factors that determine energy compensation: a systematic review of preload studies.' Nutrition Reviews 71 (2013) 458-473

100 St-Onge MP et al. 'Added thermogenic and satiety effects of a mixed nutrient vs a sugar-only beverage.' International Journal of Obesity

and Related Metabolic Disorders 28 (2004) 248–253

101 DellaValle DM, Roe LS & Rolls BJ. 'Does the consumption of caloric and non-caloric beverages with a meal affect energy intake.' Appetite 44 (2005) 187–193

102 Yang Q et al. 'Added sugar intake and cardiovascular diseases mortality among US adults.' JAMA Internal Medicine 174 (2014) 516–524

103 Department for Environment, Food and Rural Affairs. 'National Food Survey' (2000). Retrieved from https://data.gov.uk/dataset/5c1a7a5d-4dd5-4b1b-84f2-3ba8883a07ca/family-food-open-data (accessed July 2020)

104 Department for Environment, Food and Rural Affairs. 'Expenditure and Food Survey' (2007). Retrieved from https://www.gov.uk/government/statistical-data-sets/family-food-datasets (accessed July 2020)

105 Department for Environment, Food and Rural Affairs. 'Living Costs and Food Survey' (2019). Retrieved from https://www.gov.uk/government/statistical-data-sets/family-food-datasets (accessed July 2020)

106 Mansoor N, Vinknes KJ, Veierød MB & Retterstøl K. 'Effects of low-carbohydrate diets v. low-fat diets on body weight and cardiovascular risk factors: a meta-analysis of randomised controlled trials.' British Journal of Nutrition 115 (2016) 466–479

107 Nazare J-A et al. 'Ethnic influences on the relations between abdominal subcutaneous and visceral adiposity, liver fat, and cardiometabolic risk profile: the International Study of Prediction of Intra-Abdominal Adiposity and Its Relationship With Cardiometabolic Risk/Intra-Abdominal Adiposity.' The American Journal of Clinical Nutrition 96 (2012) 714–726

108 Wolever TM. 'Dietary carbohydrates and insulin action in humans.' British Journal of Nutrition 83 (2000) S97–102

109 Macdonald IA. 'A review of recent evidence relating to sugars, insulin resistance and diabetes.' European Journal of Nutrition 55 (2016) 17–23

110 Hodson L, Rosqvist F & Parry SA. 'The influence of dietary fatty acids on liver fat content and metabolism – ERRATUM.' Proceedings of the Nutrition Society 78 (2019) 473

111 Soechtig S, Couric K & David L. 'FED UP – Official Trailer' (2014). Retrieved from https://www.youtube.com/watch?v=aCUbvOwwfWM (accessed July 2020)

112 DiNicolantonio JJ, O'Keefe JH & Wilson WL. 'Sugar addiction: is it real? A narrative review.' British Journal of Sports Medicine 52 (2018) 910–913

113 Avena NM, Rada P & Hoebel BG. 'Evidence for sugar addiction: behavioral and neurochemical effects of intermittent, excessive sugar intake.' Neuroscience & Biobehavioral Reviews 32 (2008) 20–39

114 Westwater ML, Fletcher PC & Ziauddeen H. 'Sugar addiction: the state of the science.' European Journal of Nutrition 55 (2016) 55–69

115 Avena NM, Rada P & Hoebel BG. 'Underweight rats have enhanced dopamine release and blunted acetylcholine response in the nucleus accumbens while bingeing on sucrose.' Neuroscience 156 (2008) 865–871

116 Stice E, Davis K, Miller NP & Marti CN. 'Fasting increases risk for onset of binge eating and bulimic pathology: a 5-year prospective study.' Journal of Abnormal Psychology 117 (2008) 941–946

117 Yanovski S. 'Sugar and fat: cravings and aversions.' Journal of Nutrition 133 (2003) 835S–837S

118 Davis N. 'Is sugar really as addictive as cocaine? Scientists row over effect on body and brain' (2017). Retrieved from https://www.

theguardian.com/society/2017/aug/25/is-sugar-really-as-addictive-as-cocaine-scientists-row-over-effect-on-body-and-brain (accessed July 2020)

119 Tandel KR. 'Sugar substitutes: Health controversy over perceived benefits.' Journal of Pharmacology & Pharmacotherapeutics 2 (2011) 236–243

120 Ruiz-Ojeda FJ, Plaza-Díaz J, Sáez-Lara MJ & Gil A. 'Effects of Sweeteners on the Gut Microbiota: A Review of Experimental Studies and Clinical Trials.' Advances in Nutrition 10 (2019) S31–S48

121 Renwick AG & Molinary SV. 'Sweet-taste receptors, low-energy sweeteners, glucose absorption and insulin release.' British Journal of Nutrition 104 (2010) 1415–1420

122 Tucker RM & Tan SY. 'Do non-nutritive sweeteners influence acute glucose homeostasis in humans? A systematic review.' Physiology & Behavior 182 (2017) 17–26

123 Schiffman SS et al. 'Aspartame and susceptibility to headache.' New England Journal of Medicine 317 (1987) 1181–1185

124 Thannhauser SJ & Magendantz H. 'The different clinical groups of xanthomatous diseases: a clinical physiological study of 22 cases.' Annals of Internal Medicine 11 (1938) 1662–1746

125 Castelli WP, Anderson K, Wilson PW & Levy D. 'Lipids and risk of coronary heart disease. The Framingham Study.' Annals of Epidemiology 2 (1992) 23–28

126 Sharrett AR et al. 'Coronary heart disease prediction from lipoprotein cholesterol levels, triglycerides, lipoprotein(a), apolipoproteins A-I and B, and HDL density subfractions: The Atherosclerosis Risk in Communities (ARIC) Study.' Circulation 104 (2001) 1108–1113

127 Silverman MG et al. 'Association Between Lowering LDL-C and

Cardiovascular Risk Reduction Among Different Therapeutic Interventions: A Systematic Review and Meta-analysis.' JAMA 316 (2016) 1289–1297

128 Cholesterol Treatment Trialists' Collaboration. 'Efficacy and safety of statin therapy in older people: a meta-analysis of individual participant data from 28 randomised controlled trials.' The Lancet 393 (2019) 407–415

129 Keene D, Price C, Shun-Shin MJ & Francis DP. 'Effect on cardiovascular risk of high density lipoprotein targeted drug treatments niacin, fibrates, and CETP inhibitors: meta-analysis of randomised controlled trials including 117,411 patients.' BMJ 349 (2014) g4379

130 Millán J et al. 'Lipoprotein ratios: physiological significance and clinical usefulness in cardiovascular prevention.' Vascular Health and Risk Management 5 (2009) 757

131 Prospective Studies Collaboration. 'Blood cholesterol and vascular mortality by age, sex, and blood pressure: a meta-analysis of individual data from 61 prospective studies with 55000 vascular deaths.' The Lancet 370 (2007) 1829–1839

132 Mozaffarian D, Katan MB, Ascherio A, Stampfer MJ & Willett WC. 'Trans fatty acids and cardiovascular disease.' New England Journal of Medicine 354 (2006) 1601–1613

133 Clifton PM & Keogh JB. 'A systematic review of the effect of dietary saturated and polyunsaturated fat on heart disease.' Nutrition, Metabolism & Cardiovascular Diseases 27 (2017) 1060–1080

134 Hooper L et al. 'Reduction in saturated fat intake for cardiovascular disease.' Cochrane Database of Systematic Reviews (2020)

135 NHS. 'Fat: the facts' (2020). Retrieved from https://www.nhs.uk/livewell/eat-well/different-fats-nutrition (accessed Dec 2020)

136 Thorning TK et al. 'Whole dairy matrix or single nutrients in assessment of health effects: current evidence and knowledge gaps.' The American Journal of Clinical Nutrition 105 (2017) 1033–1045

137 Hollænder PL, Ross AB & Kristensen M. 'Whole-grain and blood lipid changes in apparently healthy adults: a systematic review and meta-analysis of randomized controlled studies.' The American Journal of Clinical Nutrition 102 (2015) 556–572

138 Threapleton DE et al. 'Dietary fibre intake and risk of cardiovascular disease: systematic review and meta-analysis.' BMJ 347 (2013) f6879

139 Borén J et al. 'Low-density lipoproteins cause atherosclerotic cardiovascular disease: pathophysiological, genetic, and therapeutic insights: a consensus statement from the European Atherosclerosis Society Consensus Panel.' European Heart Journal 41 (2020) 2313–2330

140 Sacks FM et al. 'Dietary Fats and Cardiovascular Disease: A Presidential Advisory From the American Heart Association.' Circulation 136 (2017) e1–e23

141 Dagenais GR et al. 'Variations in common diseases, hospital admissions, and deaths in middle-aged adults in 21 countries from five continents (PURE): a prospective cohort study.' The Lancet 395 (2020) 785–794

142 Martinez-Gonzalez MA & Martin-Calvo N. 'Mediterranean diet and life expectancy; beyond olive oil, fruits, and vegetables.' Current Opinion in Clinical Nutrition & Metabolic Care 19 (2016) 401–407

143 British Dietetic Association. 'Top 5 worst celeb diets to avoid in 2018' (2017). Retrieved from https://www.bda.uk.com/resource/top-5-worst-celeb-diets-to-avoid-in-2018.html (accessed Nov 2020)

144 Matthews A et al. 'Impact of statin related media coverage on use of

statins: interrupted time series analysis with UK primary care data.'
BMJ 353 (2016) i3283

145 Nissen SE et al. 'Effect of very high-intensity statin therapy on re-
gression of coronary atherosclerosis: the ASTEROID trial.' JAMA 295
(2006) 1556–1565

146 Mann GV, Pearson G, Gordon T & Dawber TR. 'Diet and cardiovas-
cular disease in the Framingham study. I. Measurement of dietary
intake.' The American Journal of Clinical Nutrition 11 (1962) 200–225

147 Lecerf J-M & De Lorgeril M. 'Dietary cholesterol: from physiology to
cardiovascular risk.' British Journal of Nutrition 106 (2011) 6–14

148 Katan MB & Beynen AC. 'Characteristics of human hypo-and hyper-
responders to dietary cholesterol.' American Journal of Public Health
125 (1987) 387–399

149 Blesso CN & Fernandez ML. 'Dietary cholesterol, serum lipids, and
heart disease: are eggs working for or against you.' Nutrients 10
(2018) 426

150 Herron KL et al. 'Men classified as hypo-or hyperresponders to di-
etary cholesterol feeding exhibit differences in lipoprotein metabo-
lism.' The Journal of Nutrition 133 (2003) 1036–1042

151 Herron KL, Lofgren IE, Sharman M, Volek JS & Fernandez ML. 'High
intake of cholesterol results in less atherogenic low-density lipopro-
tein particles in men and women independent of response classifica-
tion.' Metabolism 53 (2004) 823–830

152 Melough MM, Chung SJ, Fernandez ML & Chun OK. 'Association of
eggs with dietary nutrient adequacy and cardiovascular risk factors in
US adults.' Public Health Nutrition 22 (2019) 2033–2042

153 Bellanger N et al. 'Atheroprotective reverse cholesterol transport
pathway is defective in familial hypercholesterolemia.' Arteriosclero-

sis, thrombosis, and vascular biology 31 (2011) 1675–1681

154 Santos S, Oliveira A & Lopes C. 'Systematic review of saturated fatty acids on inflammation and circulating levels of adipokines.' Nutrition Research 33 (2013) 687–695

155 Drouin-Chartier J-P et al. 'Systematic review of the association between dairy product consumption and risk of cardiovascular-related clinical outcomes.' Advances in Nutrition 7 (2016) 1026–1040

156 Mozaffarian D. 'Dairy Foods, Obesity, and Metabolic Health: The Role of the Food Matrix Compared with Single Nutrients.' Advances in Nutrition 10 (2019) 917S-923S

157 Bordoni A et al. 'Dairy products and inflammation: A review of the clinical evidence.' Critical Reviews in Food Science and Nutrition 57 (2017) 2497–2525

158 Spence JD, Jenkins DJ & Davignon J. 'Egg yolk consumption and carotid plaque.' Atherosclerosis 224 (2012) 469–473

159 Magriplis E et al. 'Frequency and Quantity of Egg Intake Is Not Associated with Dyslipidemia: The Hellenic National Nutrition and Health Survey (HNNHS).' Nutrients 11 (2019) 1105

160 Derbyshire E. 'Brain Health across the lifespan: A systematic review on the role of omega-3 fatty acid supplements.' Nutrients 10 (2018) 1094

161 Abdelhamid AS et al. 'Omega-3 fatty acids for the primary and secondary prevention of cardiovascular disease.' Cochrane Database of Systematic Reviews (2020)

162 Skulas-Ray AC et al. 'Omega-3 fatty acids for the management of hypertriglyceridemia: a science advisory from the American Heart Association.' Circulation 140 (2019) e673–e691

163 Lin L et al. 'Evidence of health benefits of canola oil.' Nutrition Re-

views 71 (2013) 370–385

164 Harris WS et al. 'Omega-6 fatty acids and risk for cardiovascular disease: a science advisory from the American Heart Association Nutrition Subcommittee of the Council on Nutrition, Physical Activity, and Metabolism; Council on Cardiovascular Nursing; and Council on Epidemiology and Prevention.' Circulation 119 (2009) 902–907

165 Marklund M et al. 'Biomarkers of dietary omega-6 fatty acids and incident cardiovascular disease and mortality: an individual-level pooled analysis of 30 cohort studies.' Circulation 139 (2019) 2422–2436

166 Stanley JC et al. 'UK Food Standards Agency Workshop Report: the effects of the dietary n-6: n-3 fatty acid ratio on cardiovascular health.' British Journal of Nutrition 98 (2007) 1305–1310

167 Johnson GH & Fritsche K. 'Effect of dietary linoleic acid on markers of inflammation in healthy persons: a systematic review of randomized controlled trials.' Journal of the Academy of Nutrition and Dietetics 112 (2012) 1029–1041

168 Rett BS & Whelan J. 'Increasing dietary linoleic acid does not increase tissue arachidonic acid content in adults consuming Western-type diets: a systematic review.' Nutrition & Metabolism 8 (2011) 36

169 Neelakantan N, Seah JYH & van Dam RM. 'The Effect of Coconut Oil Consumption on Cardiovascular Risk Factors: A Systematic Review and Meta-Analysis of Clinical Trials.' Circulation 141 (2020) 803–814

170 Gaforio JJ et al. 'Virgin olive oil and health: summary of the III international conference on virgin olive oil and health consensus report, JAEN (Spain) 2018.' Nutrients 11 (2019) 2039

171 Select Committee on Nutrition and Human Needs. *Dietary goals for*

the United States (U.S. Government Printing Office, 1977)

172 National Advisory Committee on Nutrition Education. *A Discussion Paper on Proposals for Nutritional Guidelines for Health Education in Britain* (NACNE, 1983)

173 Krebs-Smith SM, Guenther PM, Subar AF, Kirkpatrick SI & Dodd KW. 'Americans do not meet federal dietary recommendations.' Journal of Nutrition 140 (2010) 1832–1838

174 Estruch R et al. 'Primary prevention of cardiovascular disease with a Mediterranean diet supplemented with extra-virgin olive oil or nuts.' New England Journal of Medicine 378 (2018) e34

175 Sprague RG. 'Russell Morse Wilder, Sr. 1885–1959.' Diabetes 9 (1960) 419–420

176 D'Andrea Meira I et al. 'Ketogenic Diet and Epilepsy: What We Know So Far.' Frontiers in Neuroscience 13 (2019) 5

177 Liu H et al. 'Ketogenic diet for treatment of intractable epilepsy in adults: A meta-analysis of observational studies.' Epilepsia Open 3 (2018) 9–17

178 Pugliese MT, Lifshitz F, Grad G, Fort P & Marks-Katz M. 'Fear of obesity. A cause of short stature and delayed puberty.' New England Journal of Medicine 309 (1983) 513–518

179 Ballaban-Gil K et al. 'Complications of the ketogenic diet.' Epilepsia 39 (1998) 744–748

180 Blanco JC, Khatri A, Kifayat A, Cho R & Aronow WS. 'Starvation Keto-acidosis due to the Ketogenic Diet and Prolonged Fasting–A Possibly Dangerous Diet Trend.' The American Journal of Case Reports 20 (2019) 1728

181 von Geijer L & Ekelund M. 'Ketoacidosis associated with low-carbo-hydrate diet in a non-diabetic lactating woman: a case report.' Jour-

nal of Medical Case Reports 9 (2015) 224

182 Zilberter T & Zilberter Y. 'Ketogenic ratio determines metabolic effects of macronutrients and prevents interpretive bias.' Frontiers in Nutrition 5 (2018)

183 Tzur A, Nijholt R, Sparangna V & Ritson A. 'Adhering to the Ketogenic Diet – Is it Easy or Hard? (Research Review)' (2018). Retrieved from https://sci-fit.net/adhere-ketogenic-diet (accessed Aug 2020)

184 Ting R, Dugré N, Allan GM & Lindblad AJ. 'Ketogenic diet for weight loss.' Canadian Family Physician 64 (2018) 906

185 Hall KD et al. 'Energy expenditure and body composition changes after an isocaloric ketogenic diet in overweight and obese men.' The American Journal of Clinical Nutrition 104 (2016) 324–333

186 Lemstra M, Bird Y, Nwankwo C, Rogers M & Moraros J. 'Weight loss intervention adherence and factors promoting adherence: a meta-analysis.' Patient Preference and Adherence 10 (2016) 1547

187 Ye F, Li X-J, Jiang W-L, Sun H-B & Liu J. 'Efficacy of and patient compliance with a ketogenic diet in adults with intractable epilepsy: a meta-analysis.' Journal of Clinical Neurology 11 (2015) 26–31

188 Zupec-Kania B. 'Micronutrient content of an optimally selected ketogenic diet.' Journal of the American Dietetic Association 103 (2003) 8–9

189 Johnston CS et al. 'Ketogenic low-carbohydrate diets have no metabolic advantage over nonketogenic low-carbohydrate diets.' The American Journal of Clinical Nutrition 83 (2006) 1055–1061

190 Snorgaard O, Poulsen GM, Andersen HK & Astrup A. 'Systematic review and meta-analysis of dietary carbohydrate restriction in patients with type 2 diabetes.' BMJ Open Diabetes Research and Care 5 (2017)

191 Lean MEJ et al. 'Primary care-led weight management for remission

of type 2 diabetes (DiRECT): an open-label, cluster-randomised trial.' The Lancet 391 (2018) 541–551

192 Hemalatha R, Ramalaxmi BA, Swetha E, Balakrishna N & Mastroma- rino P. 'Evaluation of vaginal pH for detection of bacterial vaginosis.' The Indian Journal of Medical Research 138 (2013) 354

193 Bostock E, Kirkby KC & Taylor BVM. 'The current status of the keto- genic diet in psychiatry.' Frontiers in Psychiatry 8 (2017) 43

194 Stubbs BJ et al. 'On the metabolism of exogenous ketones in hu- mans.' Frontiers in Physiology 8 (2017) 848

195 Schübel R et al. 'Effects of intermittent and continuous calorie re- striction on body weight and metabolism over 50 wk: A randomized controlled trial.' The American Journal of Clinical Nutrition 108 (2018) 933–945

196 Shang L et al. 'Nutrient starvation elicits an acute autophagic re- sponse mediated by Ulk1 dephosphorylation and its subsequent dissociation from AMPK.' Proceedings of the National Academy of Sciences 108 (2011) 4788–4793

197 Yoshii SR & Mizushima N. 'Monitoring and Measuring Autophagy.' In- ternational Journal of Molecular Sciences 18 (2017) 1865

198 Satija A et al. 'Healthful and Unhealthful Plant-Based Diets and the Risk of Coronary Heart Disease in U.S. Adults.' Journal of the Ameri- can College of Cardiology 70 (2017) 411–422

199 Song M et al. 'Association of Animal and Plant Protein Intake With All-Cause and Cause-Specific Mortality.' JAMA Internal Medicine 176 (2016) 1453–1463

200 Tong TYN et al. 'Risks of ischaemic heart disease and stroke in meat eaters, fish eaters, and vegetarians over 18 years of follow-up: re- sults from the prospective EPIC-Oxford study.' bmj 366 (2019) l4897

201 PETA. 'Cow's Milk: A Cruel and Unhealthy Product' (2013). Re-
     trieved from https://www.peta.org/issues/animals-used-for-food/
     animals-used-food-factsheets/cows-milk-cruel-unhealthy-product
     (accessed Aug 2020)

202 Alexander RT, Cordat E, Chambrey R, Dimke H & Eladari D. 'Acidosis
     and urinary calcium excretion: insights from genetic disorders.' Jour-
     nal of the American Society of Nephrology 27 (2016) 3511-3520

203 Kerstetter JE, Kenny AM & Insogna KL. 'Dietary protein and skeletal
     health: a review of recent human research.' Current Opinion in Lipi-
     dology 22 (2011) 16

204 Chan GM, Hoffman K & McMurry M. 'Effects of dairy products on bone
     and body composition in pubertal girls.' The Journal of Pediatrics 126
     (1995) 551-556

205 Baran D et al. 'Dietary modification with dairy products for preventing
     vertebral bone loss in premenopausal women: a three-year prospec-
     tive study.' The Journal of Clinical Endocrinology and Metabolism 70
     (1990) 264-270

206 Appleby P, Roddam A, Allen N & Key T. 'Comparative fracture risk in
     vegetarians and nonvegetarians in EPIC-Oxford.' European Journal of
     Clinical Nutrition 61 (2007) 1400-1406

207 Ornish D et al. 'Can lifestyle changes reverse coronary heart disease?
     The Lifestyle Heart Trial.' The Lancet 336 (1990) 129-133

208 Tawakol A et al. 'Relation between resting amygdalar activity and
     cardiovascular events: a longitudinal and cohort study.' The Lancet
     389 (2017) 834-845

209 Hong MK et al. 'Limitations of angiography for analyzing coronary
     atherosclerosis progression or regression.' Annals of Internal Medi-
     cine 121 (1994) 348-354

210 Berry C et al. 'Comparison of intravascular ultrasound and quantitative coronary angiography for the assessment of coronary artery disease progression.' Circulation 115 (2007) 1851–1857

211 Devries MC et al. 'Changes in kidney function do not differ between healthy adults consuming higher-compared with lower-or normal-protein diets: a systematic review and meta-analysis.' The Journal of Nutrition 148 (2018) 1760–1775

212 Rhee CM, Ahmadi S, Kovesdy CP & Kalantar-Zadeh K. 'Low-protein diet for conservative management of chronic kidney disease: a systematic review and meta-analysis of controlled trials.' Journal of Cachexia, Sarcopenia and Muscle 9 (2018) 235–245

213 Ravel VA et al. 'Low protein nitrogen appearance as a surrogate of low dietary protein intake is associated with higher all-cause mortality in maintenance hemodialysis patients.' The Journal of Nutrition 143 (2013) 1084–1092

214 Agency for Healthcare Research and Quality. 'Healthy Men: Learn the Facts' (2012). Retrieved from https://archive.ahrq.gov/patients-consumers/patient-involvement/healthy-men/index.html (accessed Sept 2020)

215 Deng J. 'Goop, Inc. Settles Consumer Protection Lawsuit Over Three Wellness Products' (2018). Retrieved from https://www.sccgov.org/sites/da/newsroom/newsreleases/Pages/NRA2018/Goop.aspx (accessed Dec 2020)

216 Gunter J. 'Dear Gwyneth Paltrow, I'm a GYN and your vaginal jade eggs are a bad idea' (2017). Retrieved from https://drjengunter.com/2017/01/17/dear-gwyneth-paltrow-im-a-gyn-and-your-vaginal-jade-eggs-are-a-bad-idea (accessed Dec 2020)

217 Kam-Hansen S et al. 'Altered placebo and drug labeling changes the

outcome of episodic migraine attacks.' Science Translational Medicine 6 (2014) 218ra5

218 Saladino P. 'How You've Been Misled About Red Meat Causing Diabetes and Heart Disease, With Ex-Vegan, Jon Venus' (2020). Retrieved from https://carnivoremd.com/how-youve-been-misled-about-red-meat-causing-diabetes-and-heart-disease-with-ex-vegan-jon-venus (accessed Dec 2020)

219 Saladino P. *The Carnivore Code* (Houghton Mifflin Harcourt, 2020)

220 Saladino P. 'Controversial Thoughts: Carnivore Diet for Beginners' (2020). Retrieved from https://www.youtube.com/watch?v=8T6N9Y-9VDe0 (accessed Nov 2020)

221 Peterson M. 'Twitter Profile' (2020). Retrieved from https://twitter.com/MikhailaAleksis (accessed Sept 2020)

222 Peterson M. 'About Me' (2020). Retrieved from https://mikhailapeterson.com/about (accessed Sept 2020)

223 Bowles N. 'Jordan Peterson, Custodian of the Patriarchy' (2018). Retrieved from https://www.nytimes.com/2018/05/18/style/jordan-peterson-12-rules-for-life.html (accessed Nov 2020)

224 JRE Clips. 'Joe Rogan – Jordan Peterson's Carnivore Diet Cured His Depression?' (2018). Retrieved from https://www.youtube.com/watch?v=HLF29w6YqXs (accessed July 2020)

225 Dunner D et al. 'Preventing recurrent depression: long-term treatment for major depressive disorder.' Primary Care Companion to The Journal of Clinical Psychiatry 9 (2007) 214–223

226 Preston BD, Albertson TM & Herr AJ. 'DNA replication fidelity and cancer.' Seminars in Cancer Biology 20 (2010) 281–293

227 Cancer Research UK. 'Cancer survival statistics for all cancers combined' (2014). Retrieved from https://www.cancerresearchuk.org/

health-professional/cancer-statistics/survival/all-cancers-combined (accessed July 2020)

228 Huebner J et al. 'Counseling patients on cancer diets: a review of the literature and recommendations for clinical practice.' Anticancer Research 34 (2014) 39–48

229 Buckner CA, Lafrenie RM, Dénommée JA, Caswell JM & Want DA. 'Complementary and alternative medicine use in patients before and after a cancer diagnosis.' Current Oncology 25 (2018) e275

230 Johnson SB, Park HS, Gross CP & Yu JB. 'Use of alternative medicine for cancer and its impact on survival.' Journal of the National Cancer Institute 110 (2018) 121–124

231 Ho PJ et al. 'Impact of delayed treatment in women diagnosed with breast cancer: A population-based study.' Cancer Medicine 9 (2020) 2435–2444

232 United Nations, Department of Economic and Social Affairs, Population Division. 'World Population Prospects 2019, Volume I: Comprehensive Tables' (2019). Retrieved from https://population.un.org/wpp/Publications/ (accessed Oct 2020)

233 Roser M & Ritchie H. 'Cancer' (2015). Retrieved from https://ourworldindata.org/cancer (accessed July 2020)

234 Dellavedova T. 'Prostatic specific antigen. From its early days until becoming a prostate cancer biomarker.' Archivos Españoles de Urología 69 (2016) 19–23

235 American Cancer Society. 'Cancer Facts & Figures 2020' (2020). Retrieved from https://www.cancer.org/research/cancer-facts-statistics/all-cancer-facts-figures/cancer-facts-figures-2020 (accessed July 2020)

236 Sasieni PD, Shelton J, Ormiston-Smith N, Thomson CS & Silcocks

PB. 'What is the lifetime risk of developing cancer?: the effect of adjusting for multiple primaries.' British Journal of Cancer 105 (2011) 460–465

237 Cancer Research UK. 'Does obesity cause cancer?' (2018). Retrieved from https://www.cancerresearchuk.org/about-cancer/causes-of-cancer/obesity-weight-and-cancer/does-obesity-cause-cancer (accessed July 2020)

238 Afzal S, Tybjærg-Hansen A, Jensen GB & Nordestgaard BG. 'Change in body mass index associated with lowest mortality in Denmark, 1976–2013.' JAMA 315 (2016) 1989–1996

239 Puhl RM, Andreyeva T & Brownell KD. 'Perceptions of weight discrimination: prevalence and comparison to race and gender discrimination in America.' International journal of obesity 32 (2008) 992–1000

240 Kyrgiou M et al. 'Adiposity and cancer at major anatomical sites: umbrella review of the literature.' BMJ 356 (2017) j477

241 Yang X-J, Jiang H-M, Hou X-H & Song J. 'Anxiety and depression in patients with gastroesophageal reflux disease and their effect on quality of life.' World Journal of Gastroenterology 21 (2015) 4302

242 Song EM, Jung H-K & Jung JM. 'The association between reflux esophagitis and psychosocial stress.' Digestive Diseases and Sciences 58 (2013) 471–477

243 Galéra C et al. 'Stress, attention deficit hyperactivity disorder (ADHD) symptoms and tobacco smoking: The i-Share study.' European Psychiatry 45 (2017) 221–226

244 Slopen N et al. 'Psychosocial stress and cigarette smoking persistence, cessation, and relapse over 9–10 years: a prospective study of middle-aged adults in the United States.' Cancer Causes & Control 24 (2013) 1849–1863

245 Keyes KM, Hatzenbuehler ML, Grant BF & Hasin DS. 'Stress and al-
cohol: Epidemiologic evidence.' Alcohol Research: Current Reviews
34 (2012) 391–400

246 Wu Y & Berry DC. 'Impact of weight stigma on physiological and psy-
chological health outcomes for overweight and obese adults: a sys-
tematic review.' Journal of Advanced Nursing 74 (2018) 1030–1042

247 NHS Digital. 'National Child Measurement Programme, England
2018/19 School Year [NS]' (2019). Retrieved from https://digital.
nhs.uk/data-and-information/publications/statistical/nation-
al-child-measurement-programme/2018–19-school-year/deprivation
(accessed July 2020)

248 Almeida DM, Neupert SD, Banks SR & Serido J. 'Do daily stress pro-
cesses account for socioeconomic health disparities.' The Journals of
Gerontology Series B 60 (2005) S34–S39

249 Kubo A, Corley DA, Jensen CD & Kaur R. 'Dietary factors and the
risks of oesophageal adenocarcinoma and Barrett's oesophagus.'
Nutrition Research Reviews 23 (2010) 230–246

250 Brown KF et al. 'The fraction of cancer attributable to modifiable risk
factors in England, Wales, Scotland, Northern Ireland, and the United
Kingdom in 2015.' British Journal of Cancer 118 (2018) 1130–1141

251 Schoemaker MJ et al. 'Association of body mass index and age with
subsequent breast cancer risk in premenopausal women.' JAMA on-
cology 4 (2018) e181771–e181771

252 Carr D & Friedman MA. 'Is obesity stigmatizing? Body weight, per-
ceived discrimination, and psychological well-being in the United
States.' Journal of Health and Social Behavior 46 (2005) 244–259

253 Hebl MR, Xu J & Mason MF. 'Weighing the care: patients' perceptions
of physician care as a function of gender and weight.' International

Journal of Obesity and Related Metabolic Disorders 27 (2003) 269–275

254 Rafiee P et al. 'Sugar Sweetened Beverages and Cancer: a Brief Review.' Current Topics in Nutraceutical Research 15 (2017)

255 Miles FL, Neuhouser ML & Zhang Z-F. 'Concentrated sugars and incidence of prostate cancer in a prospective cohort.' British Journal of Nutrition 120 (2018) 703–710

256 Romanos-Nanclares A et al. 'Sugar-sweetened beverage consumption and incidence of breast cancer: the Seguimiento Universidad de Navarra (SUN) Project.' European Journal of Nutrition 58 (2019) 2875–2886

257 Chazelas E et al. 'Sugary drink consumption and risk of cancer: results from NutriNet-Santé prospective cohort.' BMJ 366 (2019) l2408

258 Bassett JK, Milne RL, English DR, Giles GG & Hodge AM. 'Consumption of sugar-sweetened and artificially sweetened soft drinks and risk of cancers not related to obesity.' International Journal of Cancer 146 (2020) 3329–3334

259 Shingler E et al. 'Dietary restriction during the treatment of cancer: results of a systematic scoping review.' BMC cancer 19 (2019) 811

260 Erickson N, Boscheri A, Linke B & Huebner JJMO. 'Systematic review: isocaloric ketogenic dietary regimes for cancer patients.' Medical Oncology 34 (2017) 72

261 Sremanakova J, Sowerbutts AM & Burden S. 'A systematic review of the use of ketogenic diets in adult patients with cancer.' Journal of Human Nutrition and Dietetics 31 (2018) 793–802

262 Warburg O. 'The metabolism of carcinoma cells.' The Journal of Cancer Research 9 (1925) 148–163

263 Cardone RA, Casavola V & Reshkin SJ. 'The role of disturbed pH dynamics and the Na+/H+ exchanger in metastasis.' Nature Reviews

Cancer 5 (2005) 786–795

264 Fenton TR & Huang T. 'Systematic review of the association between dietary acid load, alkaline water and cancer.' BMJ Open 6 (2016) e010438

265 Hendrix MJ, Seftor EA, Seftor RE & Fidler IJ. 'A simple quantitative assay for studying the invasive potential of high and low human metastatic variants.' Cancer Letters 38 (1987) 137–147

266 Koufman JA & Johnston N. 'Potential benefits of pH 8.8 alkaline drinking water as an adjunct in the treatment of reflux disease.' Annals of Otology, Rhinology, and Laryngology 121 (2012) 431–434

267 Kozisek F. *Nutrients in Drinking Water* (World Health Organization, 2005)

268 Haighton L, Roberts A, Walters B & Lynch B. 'Systematic review and evaluation of aspartame carcinogenicity bioassays using quality criteria.' Regulatory Toxicology and Pharmacology 103 (2019) 332–344

269 Boyle P, Koechlin A & Autier P. 'Sweetened carbonated beverage consumption and cancer risk: meta-analysis and review.' European Journal of Cancer Prevention 23 (2014) 481–490

270 Mishra A, Ahmed K, Froghi S & Dasgupta P. 'Systematic review of the relationship between artificial sweetener consumption and cancer in humans: analysis of 599,741 participants.' International Journal of Clinical Practice 69 (2015) 1418–1426

271 Cancer Research UK. 'Do artificial sweeteners cause cancer?' (2019). Retrieved from https://www.cancerresearchuk.org/about-cancer/causes-of-cancer/cancer-controversies/do-artificial-sweeteners-cause-cancer (accessed July 2020)

272 Cattaruzza MS & West R. 'Why do doctors and medical students smoke when they must know how harmful it is.' European Journal of

Public Health 23 (2013) 188–189

273 Chan DS et al. 'Red and processed meat and colorectal cancer incidence: meta-analysis of prospective studies.' PLoS One 6 (2011) e20456

274 Etemadi A et al. 'Mortality from different causes associated with meat, heme iron, nitrates, and nitrites in the NIH-AARP Diet and Health Study: population based cohort study.' BMJ 357 (2017) j1957

275 McDonald JA, Goyal A & Terry MB. 'Alcohol intake and breast cancer risk: weighing the overall evidence.' Current Breast Cancer Reports 5 (2013) 208–221

276 MacMahon B et al. 'Age at first birth and breast cancer risk.' Bulletin of the World Health Organization 43 (1970) 209

277 Weroha SJ & Haluska P. 'The insulin-like growth factor system in cancer.' Endocrinology and Metabolism Clinics of North America 41 (2012) 335–50, vi

278 Collier RJ & Bauman DE. 'Update on human health concerns of recombinant bovine somatotropin use in dairy cows.' Journal of Animal Science 92 (2014) 1800–1807

279 Mero A et al. 'IGF-I, IgA, and IgG responses to bovine colostrum supplementation during training.' Journal of Applied Physiology 93 (2002) 732–739

280 Travis RC & Key TJ. 'Oestrogen exposure and breast cancer risk.' Breast Cancer Research 5 (2003) 239

281 Macrina AL, Ott TL, Roberts RF & Kensinger RS. 'Estrone and estrone sulfate concentrations in milk and milk fractions.' Journal of the Academy of Nutrition and Dietetics 112 (2012) 1088–1093

282 Larsson SC, Crippa A, Orsini N, Wolk A & Michaëlsson K. 'Milk consumption and mortality from all causes, cardiovascular disease, and

cancer: a systematic review and meta-analysis.' Nutrients 7 (2015) 7749–7763

283   Ma J et al. 'Milk intake, circulating levels of insulin-like growth factor-I, and risk of colorectal cancer in men.' Journal of the National Cancer Institute 93 (2001) 1330–1336

284   Mukhopadhyay S, Panda PK, Sinha N, Das DN & Bhutia SK. 'Autophagy and apoptosis: where do they meet.' Apoptosis 19 (2014) 555–566

285   Yun CW & Lee SH. 'The roles of autophagy in cancer.' International Journal of Molecular Sciences 19 (2018) 3466

286   He C, Sumpter Jr. R & Levine B. 'Exercise induces autophagy in peripheral tissues and in the brain.' Autophagy 8 (2012) 1548–1551

287   Chauhan AK & Mallick BN. 'Association between autophagy and rapid eye movement sleep loss-associated neurodegenerative and patho-physio-behavioral changes.' Sleep Medicine 63 (2019) 29–37

288   Li Y et al. 'Autophagy Triggered by Oxidative Stress Appears to Be Mediated by the AKT/mTOR Signaling Pathway in the Liver of Sleep-Deprived Rats.' Oxidative Medicine and Cellular Longevity 2020 (2020)

289   de Groot S, Pijl H, van der Hoeven JJM & Kroep JR. 'Effects of short-term fasting on cancer treatment.' Journal of Experimental & Clinical Cancer Research 38 (2019) 209

290   William A. 'About Anthony William' (2020). Retrieved from https://www.medicalmedium.com/medical-medium-about-anthony-william (accessed Oct 2020)

291   William A. Medical Medium Celery Juice (Hay House, 2019). (《셀러리 주스》, 샨티, 2021)

292   Smith-Spangler C et al. 'Are organic foods safer or healthier than conventional alternatives? A systematic review.' Annals of Internal

Medicine 157 (2012) 348–366

293 Baudry J et al. 'Association of frequency of organic food consumption with cancer risk: Findings from the NutriNet-Santé prospective cohort study.' JAMA Internal Medicine 178 (2018) 1597–1606

294 Heidary F, Rahimi A & Gharebaghi R. 'Poverty as a risk factor in human cancers.' Iranian Journal of Public Health 42 (2013) 341–343

295 Vohra J, Marmot MG, Bauld L & Hiatt RA. 'Socioeconomic position in childhood and cancer in adulthood: a rapid-review.' Journal of Epidemiology and Community Health 70 (2016) 629–634

296 Bradbury KE et al. 'Organic food consumption and the incidence of cancer in a large prospective study of women in the United Kingdom.' British Journal of Cancer 110 (2014) 2321–2326

297 Ames BN, Profet M & Gold LS. 'Dietary pesticides (99.99% all natural).' Proceedings of the National Academy of Sciences 87 (1990) 7777–7781

298 Messina M. 'Soy and health update: evaluation of the clinical and epidemiologic literature.' Nutrients 8 (2016) 754

299 Ju YH et al. 'Physiological concentrations of dietary genistein dose-dependently stimulate growth of estrogen-dependent human breast cancer (MCF-7) tumors implanted in athymic nude mice.' The Journal of Nutrition 131 (2001) 2957–2962

300 Setchell KDR et al. 'Soy isoflavone phase II metabolism differs between rodents and humans: implications for the effect on breast cancer risk.' The American Journal of Clinical Nutrition 94 (2011) 1284–1294

301 Ziaei S & Halaby R. 'Dietary isoflavones and breast cancer risk.' Medicines 4 (2017) 18

302 Hamilton-Reeves JM et al. 'Clinical studies show no effects of soy

protein or isoflavones on reproductive hormones in men: results of a meta-analysis.' Fertility and Sterility 94 (2010) 997–1007

303 Storhaug CL, Fosse SK & Fadnes LT. 'Country, regional, and global estimates for lactose malabsorption in adults: a systematic review and meta-analysis.' The Lancet Gastroenterology & Hepatology 2 (2017) 738–746

304 Gambert I & Linné T. 'From Rice Eaters to Soy Boys: Race, Gender, and Tropes of "Plant Food Masculinity".' Animal Studies Journal 7 (2018) 129–179

305 Willhite CC et al. 'Systematic review of potential health risks posed by pharmaceutical, occupational and consumer exposures to metallic and nanoscale aluminum, aluminum oxides, aluminum hydroxide and its soluble salts.' Critical Reviews in Toxicology 44 (2014) 1–80

306 Lee AHS. 'Why is carcinoma of the breast more frequent in the upper outer quadrant? A case series based on needle core biopsy diagnoses.' The Breast 14 (2005) 151–152

307 Ellsworth DL et al. 'Outer breast quadrants demonstrate increased levels of genomic instability.' Annals of Surgical Oncology 11 (2004) 861–868

308 Flarend R, Bin T, Elmore D & Hem SL. 'A preliminary study of the dermal absorption of aluminium from antiperspirants using aluminium-26.' Food and Chemical Toxicology 39 (2001) 163–168

309 Schoenfeld JD & Ioannidis JPA. 'Is everything we eat associated with cancer? A systematic cookbook review.' The American Journal of Clinical Nutrition 97 (2013) 127–134

310 Penn State. 'Reduce Calories, Stave Off Hunger With Water-Rich Foods – Not Water' (1999). Retrieved from https://www.sciencedaily.com/releases/1999/09/990928074750.htm (accessed Dec 2020)

311 Tribole E & Resch E. *Intuitive Eating, 4th Edition* (St. Martin's Essentials, 2020). (《다이어트 말고 직관적 식사》, 골든어페어, 2019)

312 Van Dyke N & Drinkwater EJ. 'Relationships between intuitive eating and health indicators: literature review.' Public Health Nutrition 17 (2014) 1757–1766

313 Bégin C et al. 'Eating-Related and Psychological Outcomes of Health at Every Size Intervention in Health and Social Services Centers Across the Province of Québec.' American Journal of Health Promotion 33 (2019) 248–258

음식은 약이 아닙니다

유행 다이어트와 헛소리로부터 나를 지킬, 최소한의 영양학 안내서

초판 1쇄 인쇄일 2023년 8월 16일
초판 1쇄 발행일 2023년 8월 31일

지은이 조슈아 월리치
옮긴이 장혜인

펴낸이 김효형
펴낸곳 (주)눌와
등록번호 1999.7.26. 제10-1795호
주소 서울시 마포구 월드컵북로16길 51, 2층
전화 02-3143-4633
팩스 02-3143-4631
페이스북 www.facebook.com/nulwabook
인스타그램 www.instagram.com/nulwa1999
블로그 blog.naver.com/nulwa
전자우편 nulwa@naver.com
편집 김선미, 김지수, 임준호
디자인 엄희란

책임편집 임준호
표지 디자인 박준기

제작진행 공간
인쇄 더블비
제본 대흥제책

ⓒ눌와, 2023
ISBN 979-11-89074-59-3 (03590)